UMA INICIATIVA AUDACIOSA DE ENSINO
INOVANDO NA ENGENHARIA

Editora Appris Ltda.
1.ª Edição - Copyright© 2024 dos autores
Direitos de Edição Reservados à Editora Appris Ltda.

Catalogação na Fonte
Elaborado por: Josefina A. S. Guedes
Bibliotecária CRB 9/870

E799i 2024	Esteves, Otávio de Avelar Uma iniciativa audaciosa de ensino: inovando na engenharia / Otávio de Avelar Esteves. – 1. ed. – Curitiba: Appris, 2024. 121 p. ; 23 cm. – (Educação, tecnologias e transdisciplinaridade). Inclui referências. ISBN 978-65-250-5595-4 1. Engenharia – Estudo e ensino. 2. Inovações educacionais. 3. Paradigmas (Ciências sociais) – Educação. I. Título. II. Série. CDD – 620.7

Livro de acordo com a normalização técnica da ABNT

Appris *editora*

Editora e Livraria Appris Ltda.
Av. Manoel Ribas, 2265 – Mercês
Curitiba/PR – CEP: 80810-002
Tel. (41) 3156 - 4731
www.editoraappris.com.br

Printed in Brazil
Impresso no Brasil

Otávio de Avelar Esteves

Coautores da obra

Janaína Maria França dos Anjos
Joice Laís Pereira
Maria José Esteves de Vasconcellos
Ricardo Siervi Natali

UMA INICIATIVA AUDACIOSA DE ENSINO
INOVANDO NA ENGENHARIA

FICHA TÉCNICA

EDITORIAL	Augusto Coelho
	Sara C. de Andrade Coelho
COMITÊ EDITORIAL	Marli Caetano
	Andréa Barbosa Gouveia (UFPR)
	Edmeire C. Pereira - UFPR
	Iraneide da Silva - UFC
	Jacques de Lima Ferreira - UP
SUPERVISOR DA PRODUÇÃO	Renata Cristina Lopes Miccelli
ASSESSORIA EDITORIAL	Nicolas da Silva Alves
REVISÃO	Márcia Regina Pereira Sagaz / Marco Antonio Lapa Silveira
PRODUÇÃO EDITORIAL	Sabrina Costa
DIAGRAMAÇÃO	Jhonny Alves dos Reis
CAPA	Carlos Pereira

COMITÊ CIENTÍFICO DA COLEÇÃO EDUCAÇÃO, TECNOLOGIAS E TRANSDISCIPLINARIDADE

DIREÇÃO CIENTÍFICA Dr.ª Marilda A. Behrens (PUCPR) — Dr.ª Patrícia L. Torres (PUCPR)

CONSULTORES

Dr.ª Ademilde Silveira Sartori (Udesc)

Dr. Ángel H. Facundo (Univ. Externado de Colômbia)

Dr.ª Ariana Maria de Almeida Matos Cosme (Universidade do Porto/Portugal)

Dr. Artieres Estevão Romeiro (Universidade Técnica Particular de Loja-Equador)

Dr. Bento Duarte da Silva (Universidade do Minho/Portugal)

Dr. Claudio Rama (Univ. de la Empresa-Uruguai)

Dr.ª Cristiane de Oliveira Busato Smith (Arizona State University /EUA)

Dr.ª Dulce Márcia Cruz (Ufsc)

Dr.ª Edméa Santos (Uerj)

Dr.ª Eliane Schlemmer (Unisinos)

Dr.ª Ercilia Maria Angeli Teixeira de Paula (UEM)

Dr.ª Evelise Maria Labatut Portilho (PUCPR)

Dr.ª Evelyn de Almeida Orlando (PUCPR)

Dr. Francisco Antonio Pereira Fialho (Ufsc)

Dr.ª Fabiane Oliveira (PUCPR)

Dr.ª Iara Cordeiro de Melo Franco (PUC Minas)

Dr. João Augusto Mattar Neto (PUC-SP)

Dr. José Manuel Moran Costas (Universidade Anhembi Morumbi)

Dr.ª Lúcia Amante (Univ. Aberta-Portugal)

Dr.ª Lucia Maria Martins Giraffa (PUCRS)

Dr. Marco Antonio da Silva (Uerj)

Dr.ª Maria Altina da Silva Ramos (Universidade do Minho-Portugal)

Dr.ª Maria Joana Mader Joaquim (HC-UFPR)

Dr. Reginaldo Rodrigues da Costa (PUCPR)

Dr. Ricardo Antunes de Sá (UFPR)

Dr.ª Romilda Teodora Ens (PUCPR)

Dr. Rui Trindade (Univ. do Porto-Portugal)

Dr.ª Sonia Ana Charchut Leszczynski (UTFPR)

Dr.ª Vani Moreira Kenski (USP)

Esta obra representa um desdobramento, cinco anos depois, do e-book, que foi editado em 2018, pela Biblioteca da PUC Minas, sob o título "Engenharia de Energia da PUC Minas – Uma Iniciativa Audaciosa de Ensino".

Como naturalmente acontece com os processos dinâmicos, as transformações lhes são algo inerentemente intrínsecas e lhes confere a condição de viverem uma história.

*É exatamente por **isso** que esta edição, que trata da mesma experiência de ensino, rica e inovadora, elaborada num momento diferente da história, teria que ser muito diferente em relação àquela versão.*

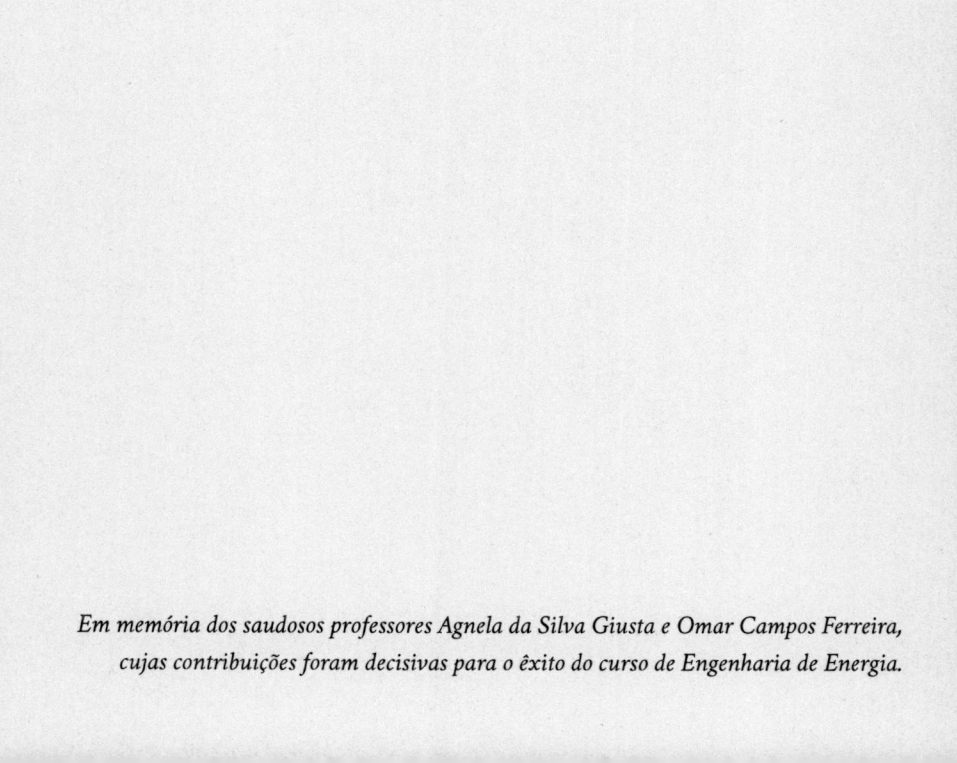

Em memória dos saudosos professores Agnela da Silva Giusta e Omar Campos Ferreira, cujas contribuições foram decisivas para o êxito do curso de Engenharia de Energia.

AGRADECIMENTOS

Agradecemos a todas as pessoas que, direta ou indiretamente, contribuíram para delinear e viabilizar o sonho de romper com o tradicionalismo cristalizado nos métodos adotados no ensino da Engenharia. A esse respeito, encontram-se no *e-book*, do qual este livro é um desdobramento, os devidos agradecimentos relativos à criação e à implementação do curso.

Dedicamos um agradecimento especial às engenheiras de energia Ênya Sousa Rios e Iolanda Maria dos Reis e Silva, que, lideradas pelo também engenheiro de energia Ricardo Silva, movidos pelo entusiasmo com a formação que receberam, participam de um levantamento estatístico das trajetórias dos seus colegas em sua vida pós-universitária, com vistas a aferirem a efetividade da mudança que seu curso lhes propiciou e, sobretudo, para constatarem se a admiração e a satisfação, com a formação que receberam, podem ser consideradas, de fato, sentimentos generalizados.

Esse agradecimento merece maior relevo em virtude da sua disposição de escreverem um texto contendo sínteses dos resultados alcançados, com uma boa amostra já disponível, dando origem ao sexto Capítulo.

O mundo técnico, que a Ciência Clássica contribuiu para criar, necessita, para ser compreendido, de conceitos bem diferentes dos dessa Ciência.

(Ylya Prigogine; Isabele Stengers, 1984, p. 225).

É preciso, portanto, repensar a Engenharia e, sobretudo, o próprio Ensino de Engenharia.

(Otávio de Avelar Esteves, 2006).

SUMÁRIO

INTRODUÇÃO

Inconformado com os processos tradicionais de ensino de Engenharia, o professor Otávio de Avelar Esteves[1] dedicou mais de duas décadas de sua vida acadêmica a procurar desvelar as razões para o tamanho desconforto que causam nos estudantes os métodos correntemente adotados para a formação de engenheiros.

A partir de reflexões epistemológicas[2] a respeito da inquietação e tendo chegado à conclusão de que as causas decorriam de uma contradição de cunho paradigmático da Ciência, o professor assumiu um desafio, para mover-lhe: implantar um curso de Engenharia que a rompesse com esse desconforto, pondo em prática uma "experiência", que representasse um primeiro passo de uma "Revolução Metodológica", para vencer o que já mostrava sinais claros de falência e obsolescência e, no entanto, a inércia insistia em prevalecer[3].

Assim, buscou agregar "cúmplices" para a empreitada, quase quixotesca, dada a gama de barreiras a enfrentar. Depois de muita conversação, em seminários, *workshops*, dentre muitos outros, onde diversos colaboradores, de variadas formações, participaram, implantou-se, no primeiro semestre de 2007, um curso de Engenharia de Energia na PUC Minas, cuja concepção tomou o Pensamento Sistêmico como referência epistemológica, para iniciar a sonhada "experiência".

Apesar da grande diferença entre tal curso e os demais da universidade, o que criou estranhamentos e dificuldades operacionais, foi possível exercitar mudanças substanciais, que propiciaram resultados relevantes. O professor Otávio coordenou a elaboração do projeto e o próprio curso por 12 anos. Antes de encerrar seu mandato, registrou a experiência num *e-book*, abrigado na Biblioteca da PUC Minas, sob o título *Engenharia de Energia da PUC Minas – Uma Iniciativa Audaciosa de Ensino*, de Avelar Esteves *et al.* (2018). O subtítulo desta obra é um trecho do relatório de avaliação do curso (Brasil, 2011).

---

[1] Que já cursara a especialização: Programa de Preparação de Professores para o Ensino Superior – PREPES (1981).

[2] A Epistemologia cuida dos pressupostos e fundamentos da Ciência, raramente considerados pelos cientistas. Diríamos que a Ciência cuida da parte emersa de um *iceberg*, enquanto a Epistemologia da parte submersa que sustenta a parte aparente. Sobre as noções de Epistemologia e Paradigma, veja o Capítulo l, do livro *Pensamento Sistêmico. O novo paradigma da ciência*.

[3] Apesar do esforço e desgaste dos que as procuram empreender, as mudanças radicais podem suscitar ideias de simplismo ou retrocesso, nos que a elas se opõem, ajudando-lhes a "justificar" suas opiniões contrárias.

Este livro, escrito posteriormente, contém alterações significativas em relação ao *e-book*. Registra um olhar mais rico e atualizado. Porém, mantém a sequência de capítulos, acrescida de um com resultados. A redação foi conduzida pelo professor Otávio com a colaboração das professoras Janaína Maria França dos Anjos, Joice Laís Pereira[4], Maria José Esteves de Vasconcellos e do professor Ricardo Siervi Natali.

O Capítulo 1 destaca-se pelo relato das primeiras impressões da engenheira-empresária Janaína[5], quando convidada para assumir algumas aulas no curso. Transmite ao leitor a sua perplexidade, quando procurou conhecer o curso, visitando uma sala de aulas. É de uma leitura leve, agradável e instigante para a continuidade da obra.

Dado o reconhecido anacronismo das metodologias, secularmente adotadas no ensino da Engenharia, entendeu ser fundamental dedicar o Capítulo 2 a considerações a respeito da necessidade inadiável de revê-las e modificá-las.

Por entender que esse anacronismo se deve a uma contradição paradigmática, resolveu dedicar o Capítulo 3 a reflexões sobre uma transição de paradigmas em curso na Ciência, destacando um de seus aspectos, que sendo de entendimento mais accessível e permitindo evidenciar a existência da contradição, daria suporte à descrição da "experiência", que compõe o Capítulo 4.

Frequentemente promovíamos, durante o curso, encontros com todo o corpo docente, para a avaliações e reflexões sobre as práticas adotadas e eventuais ajustes necessários. A professora Maria José, especialista em Pensamento Sistêmico novo-paradigmático, foi consultora num Ciclo de Reflexões realizado próximo ao final da gestão do professor Otávio. Por isso, foi convidada a conduzir a elaboração do Capítulo 5, que versa sobre o Pensamento Sistêmico, o fundamento epistemológico da "experiência" narrada no livro.

O Capítulo 6 foi elaborado a partir de um relatório realizado pelos engenheiros de energia formados no curso, Ênya Sousa Rios, Iolanda Maria dos Reis e Silva e Ricardo Silva, com dados parciais de uma pesquisa sobre as trajetórias dos seus colegas formados entre 2011 e 2021.

Ressalta-se que a elaboração de todo o livro contou com a colaboração de todos[6].

---

[4] Engenheira de Energia formada pelo Curso.

[5] A sua experiência se mostrou tão gratificante que, de neófita no magistério, decidiu, após décadas dedicadas quase que exclusivamente ao exercício da Engenharia, tornar-se Doutora em Ensino na França, o que deve concluir em 2024.

[6] O autor e os coautores.

1

UMA GRANDE SURPRESA

Recém-contratada para iniciar minhas atividades de magistério numa instituição privada em Minas Gerais[7], resolvo visitar a Universidade para me inteirar do ambiente onde iria trabalhar.

Entro no elevador, aperto o sétimo andar e subimos.

Assim que a porta se abre, viro à minha esquerda e logo entro em uma sala onde existem mesas circulares, cadeiras em volta, um projetor e computadores colocados lado a lado em duas laterais da sala, perpendiculares à parede da porta de entrada.

Sinto falta de um quadro negro ou algo similar...

E aí me dou conta de que estou em uma sala barulhenta, com vários estudantes conversando em grupos ao redor das tais mesas circulares. Observando melhor, constato haver uma certa organização naquele aparente caos. Estariam os estudantes realizando trabalhos conjuntos? De repente, vislumbro, naquele ambiente, várias figuras que reconheço como colegas de profissão: professores. Mas por que aquele contexto à primeira vista me assustou? Seria uma aula? Três professores ao invés de um? Mesas circulares? Intensa interação simultânea entre os estudantes nos diversos grupos?

Interessante! Na condição de observadora em que me coloquei, percebo grupos estabelecidos em mesas, com protótipos de máquinas diferentes, alguns estranhos, e muita, muita conversação. Às vezes, entre os próprios estudantes, às vezes entre estudantes e professores...

E o tempo passa e me apercebo das indagações dos estudantes aos professores, cujas respostas não se configuravam como explicações, mas se manifestavam como novas indagações dos professores aos estudantes.

Mas como assim? Os professores não deveriam responder às perguntas dos estudantes?

Mais alguns minutos e vejo estudantes brincando com um dos professores, abraçando-o, pois conseguiram chegar a uma expressiva conclusão

---

[7] PUC Minas.

para um problema que se apresentava a eles, e para o que o professor, um pouco antes, não lhes explicara o caminho. Que bela conquista! Constato, nesse momento, uma horizontalidade na relação professor-estudante, rara de ser encontrada em outros contextos educacionais.

Afinal, seria de fato aquilo uma sala de aula? Uma aula teórica? Deveria ser isso, mas, no meu modo de pensar, o que deveria haver seriam processos instrutivos dos professores para os estudantes. Mas tudo isso causou-me muita perplexidade por não encontrar o que esperava naquele primeiro dia...

Vou tirar algumas dúvidas com o coordenador do curso, pensei eu.

Dirijo-me à sala da coordenação, localizada no mesmo conjunto de salas de outras coordenações dos cursos de Engenharia da Universidade. Vejo um pequeno tumulto e percebo um grande acesso de estudantes se dirigindo ao coordenador. Hã???

Começo a conversar com alguns deles, que ainda não tinham tido a oportunidade de serem atendidos pelo coordenador, e percebo uma série de manifestações inesperadas a meu ver...

Um deles me diz que está chateado, pois as férias estavam chegando e ele gostaria de dar continuidade ao seu projeto daquele período. O semestre foi muito curto e ele gostaria de continuar a empreitada. Ter mais algum tempo para finalizar o projeto... Mais uma vez: Hã??? Fala sério!!! Um estudante pedindo para o semestre continuar, pois ele ainda quer estudar algo a mais antes das férias, para dar conta de terminar seu projeto? E ele ainda é do primeiro período???

Já um outro me pede algumas referências bibliográficas, pois sabe que no próximo semestre vamos nos encontrar e quer antecipar seus estudos da minha disciplina...

Oi? Como assim?

Vejo um terceiro pedindo à professora de Cálculo I se ela pode passar alguns exercícios adicionais para resolver durante as férias, pois ele quer fazer uma revisão na disciplina para chegar mais preparado para o próximo semestre, para Cálculo II.

Existe isso? Onde? Estou numa escola de Engenharia real?

Aí entra uma aluna do primeiro período e me diz que está tendo um conflito sério com os seus pais, uma vez que eles estão intrigados com o tempo que ela diz passar na Universidade e ela quer saber se o coordenador pode explicar esta situação a seus pais pois, segundo eles, sua filha nunca foi de estudar...

Pergunto: e quanto tempo você passa dentro da Universidade?

— Ah! Chego às 7h da manhã e, às vezes, volto para casa às 23h.

— Mas fazendo o quê?

— Uai, estudando para o projeto do TAI (Trabalho Acadêmico Integrador).

— Mas este tempo todo?

— Ué, professora, eu queria mesmo é dormir aqui, porque, assim, perderia menos tempo indo e voltando para casa e sobraria mais tempo pro TAI!

— Menina, para que isso? Tá doida?

— Não, professora, é que a gente fica muito empolgada e quer ver o projeto funcionar. Isso aqui é bacana demais!

Mas que curso é este? Como esse curso consegue trazer esses resultados?

Fiquei extremamente intrigada e busquei explicações e razões para esse diferencial. Afinal, como professora, eu participaria desse curso. Ou não? Será que eu teria o perfil, e estaria preparada para participar dessa empreitada?

Então, procuro verificar quais resultados têm sido alcançados por esse curso que tem me surpreendido tanto, para verificar se aquele processo, que me assustou tanto à primeira vista, tem alguma eficácia. E vejo um curso de graduação, criado no Brasil em 2007, com um Projeto Pedagógico completamente diferente dos cursos convencionais, no qual, dentre os engenheiros já formados nos últimos 5 anos, 72% estavam trabalhando e 21% se dedicando a mestrados, doutorados e especializações. E tudo isso num contexto de profunda crise econômica e financeira que assolava o País.

Mas como conseguiram isso?

Então, chega a minha vez de conversar com o coordenador e sua primeira manifestação é me contar o caso de uma engenheira recém-formada, que participou de um processo seletivo nacional, dentre mais de 25 mil engenheiros formados em instituições brasileiras tradicionais de ensino superior, como USP, Unicamp e outras. Ela foi selecionada para integrar um grupo de 12 engenheiros para um programa de *Trainee*, onde participaria de um projeto de reestruturação da Petrobras!!! Na ocasião, o coordenador compartilha comigo uma mensagem que havia recebido dessa engenheira, em que ela dizia: *"Eu não imaginava que as minhas experiências com o TAI teriam tanto impacto na maneira como raciocino. Não tenha dúvidas [...] de que o curso está no caminho certo. [...] Fui aprovada graças à linha de raciocínio que desenvolvi no curso"*.

E me conta um segundo caso de um estudante, também recém-formado, participante de um outro programa de seleção para *Trainee*, que, ao ser entrevistado na última etapa, foi surpreendido com um convite para ser o novo gerente de produção de uma unidade da maior fabricante de pás para aerogeradores do mundo! Segundo o entrevistador, o recém-formado já estava pronto para atuar como engenheiro, dispensando a necessidade de um treinamento adicional!

Destacou ainda que, dentre os formados nesses pouco mais de cinco anos, tem o conhecimento de pelo menos cinco diretores em grandes empresas, sendo duas multinacionais, vários gerentes, chefes de seção, supervisores e de mais de dez empreendedores. Além disto, citou o caso de um engenheiro da primeira turma que, com menos de dois anos de formado, foi promovido a engenheiro sênior na área de planejamento de uma grande empresa multinacional, que atua no Brasil.

A seguir, o coordenador me relata que o curso tinha sido submetido a duas avaliações no MEC realizadas via visitas *in loco*. Na primeira, o curso lograra nota 4 (em uma escala de 1 a 5 sem frações) porém, os avaliadores incluíram em seu relatório: "[...] os resultados obtidos poderiam ser melhorados com a inclusão dos docentes efetivamente atuantes [...]" (Brasil, 2011). Um cadastro, feito pela Universidade, estava desatualizado em três semestres. Ora, resultado melhor que 4...

Naquele relatório, incluíram:

> O curso apresenta uma estrutura curricular inovadora, baseada em atividades integradoras [...]. É uma iniciativa audaciosa, pioneira no ensino de Engenharia no Brasil, e pode fornecer informações importantes para a construção de projetos pedagógicos mais modernos [...] (Brasil, 2011).

Na outra avaliação, em cujo relatório a palavra excelente aparece 16 vezes, o curso foi avaliado com a nota máxima, cinco.

Por outro lado, o coordenador também diz como é admirável o entusiasmo da maioria dos professores do curso. Cita o caso de uma professora, que, por volta da época da implantação do novo Curso de Engenharia, dizia não aguentar mais suas atividades de magistério nas Engenharias da Universidade. Vinham ficando, cada dia, mais enfadonhas e as relações em sala de aula estavam se tornando muito artificiais e "automáticas". Convidada para compor o quadro docente do curso, hesitou, pois embora procurasse algo novo, questionava se aquela proposta iria, de fato, representar mudanças significativas. Resolveu tentar e, ao final do primeiro semestre trabalhando no curso, recobrou o ânimo e não se cansava de manifestar sua alegria e o entusiasmo renovados com esse magistério.

Destacou ainda uma mensagem que recebeu de outra professora:

> Para mim, um dos principais pontos positivos deste curso de Engenharia é a liberdade de chegar na sala e deixar que os estudantes conduzam a aula. É uma espontaneidade única, que deixa a aula leve. Surpreende-me pensar que já no terceiro período (onde os encontro pela primeira vez) os estudantes já têm essa maturidade. Para mim, é muito impressionante.

E aí me dou conta de que essa metodologia traz aos estudantes e professores uma motivação excepcional, muito diferente do que tenho visto em outros cursos de Engenharia.

Se você ficou intrigado também, vem comigo descobrir por que esse Curso de Engenharia foi tão motivador para os estudantes e professores e porque seus profissionais formados são tão bem-sucedidos e saem prontos para o mercado de trabalho mundial! Nos próximos capítulos, você poderá desvendar as razões da diferença que esse curso representa.

2

A URGÊNCIA POR MUDANÇAS NO ENSINO DE ENGENHARIA

A crescente complexificação[8] da sociedade contemporânea vem fazendo emergir problemas para a Humanidade, que exigem abordagens para as quais, na maioria das vezes, a formação tradicional dos engenheiros, concebida em "moldes" que não experimentaram evoluções paradigmáticas, desde que foi criada, não é mais capaz de enfrentar.

Em seu pronunciamento, proferido em janeiro de 2018, na Universidade Católica do Chile, o Papa Francisco, destacando o papel da Universidade Católica, disse:

> Falar de desafios é assumir que há situações que chegaram a um ponto que exigem ser repensadas. O que até ontem podia ser um fator de unidade e coesão, hoje exige novas respostas. O ritmo acelerado e a implantação quase vertiginosa de alguns processos e mudanças, que se impõem em nossas sociedades, convidam-nos, de maneira serena, mas sem demora, a uma reflexão que não seja ingênua, utopista e menos ainda voluntarista. Isto não significa frear o desenvolvimento do conhecimento, mas fazer da Universidade um espaço privilegiado para *praticar a gramática do diálogo que forma encontro* [...] (Papa Francisco, 2018, grifo nosso).

Se narrarmos a história a seguir, para a maioria dos engenheiros formados há mais de cinco anos, cada um deles dirá tratar-se exatamente da sua história.

> Um jovem cheio de vida entrou em numa universidade e, no primeiro dia de aulas, chegou à escola com os olhos brilhando de entusiasmo com o Curso de Engenharia que iria iniciar. Ele sonhava com a profissão e já fazia conjecturas sobre o seu exercício e, portanto, a expectativa com o curso era enorme.
>
> Na primeira aula, entrou em sala um professor de Cálculo I (por exemplo) e começou a falar da disciplina dele e de seus

---

[8] Complexidade nesta obra se refere a um dos aspectos do novo paradigma da Ciência!

métodos, sem relacioná-la com o curso ou com a profissão em que ele iria se formar. Depois dessa aula, entra o professor de Química e apresenta uma fala completamente diferente e, também (talvez por coincidência), não relaciona a disciplina com o curso e nem mesmo com a disciplina anterior. E assim foi acontecendo com todos os demais professores do período, que foram se sucedendo. Aliás, eles davam a entender que nem se encontravam, para combinar alguma coisa sobre o que estavam fazendo e, talvez, nem se conhecessem...

Como se não bastasse, no decorrer do tempo o professor das aulas de laboratório de Química (por exemplo, também), que não era o mesmo da teoria, em cada semana tratava de assuntos diferentes do que estava sendo abordado nas aulas teóricas.

Meu Deus! O que está acontecendo?

Ante essa total desarticulação, ele se pergunta: afinal, o que cada disciplina tem a ver com a Engenharia? Há alguma relação entre elas? E a Engenharia? O que é afinal?

Esse desconforto segue acompanhando-o até o fim do semestre, que ele passou a ansiar que chegasse logo. Afinal, ele vinha se dedicando ao "estudo" das matérias apenas para se ver livre delas. Não via outra razão para se empenhar.

Entretanto, durante as férias, aquele "terror", que lhe causara aquela experiência, vai se esvaindo naturalmente com o tempo e um otimismo lhe recobra a esperança, imaginando que no próximo semestre tudo seria diferente. Afinal, o que ocorrera no primeiro período não poderia ser normal. Certamente, tratou-se de alguma fatalidade!

E o próximo período então chega. O estudante, embora um pouco ressabiado, retorna à sala de aulas com um bom estado de ânimo. Entra em sala então, o professor de Cálculo II, que não era o mesmo do Cálculo I. Nenhum problema! Mas ele já inicia, não articulando claramente sua disciplina com aquela que deveria precedê-la. Chega, até mesmo, a contradizê-la, em alguns momentos, e até a criticar o outro professor em alguns aspectos, em relação à forma como abordou os conteúdos. E a história vivenciada no primeiro período se repete e, assim, vai se sucedendo no transcorrer do curso...

Quando ele se formou, o que na verdade foi um verdadeiro alívio, pois trazia em seu íntimo muito mais um sentimento de derrota, do que o de uma feliz transformação, é que se defrontou com a enorme perplexidade: **agora tenho que exercer uma profissão que não sei exatamente o que** é.

> Levou anos, contendo o medo e a insegurança, para, só depois, entender minimamente o que, de fato, era a profissão de seus sonhos.
>
> Arrependeu-se, então, diversas vezes, de não ter estudado para, de fato, aprender muitos dos assuntos tratados no curso, nos períodos em que eles lhe eram apresentados. Só então passou, a dar valor à maioria dos conteúdos abordados no currículo que cumpriu...

Ora, essa história toda parece ser absolutamente surreal! Se for narrada para pessoas que não vivem a academia que cuida da formação de engenheiros, em geral, acarreta nelas uma perplexidade, senão um descrédito na seriedade do narrador[9]. Como se vê, os assuntos incluídos na matriz curricular do curso são, de fato, adequados. Porém, a maioria dos estudantes só consegue percebê-lo, algum tempo depois de se formar, quando já não está mais na escola e, praticamente, vêm-se obrigados a reestudá-los. Se isso ocorre com a maioria, a razão, absolutamente, não pode estar nos estudantes...

De uma forma geral, essa história independe da escola onde o engenheiro se formou, uma vez que, por incrível que pareça, é assim que tem funcionado o ensino de Engenharia, aí está um pouquinho do paradigma clássico que o fundamenta.

Obviamente, portanto, constata-se no meio estudantil, uma percepção generalizada, de que os cursos de Engenharia têm se tornado a cada dia mais "insípidos", desconexos e desestimulantes, em especial nos primeiros anos. No segundo semestre do ano de 2010, Joice Laís Pereira, então aluna do quarto período do Curso de Engenharia de Energia na PUC Minas, em uma explanação oral sobre sua percepção a respeito do ensino, realizada em um encontro interno, dizia:

> Atualmente, o mercado busca profissionais que sejam diferentes, que possuam um diferencial. O dicionário define diferente como algo que não é igual, nem semelhante, RARO. No entanto, nos cursos tradicionais, as pessoas não são estimuladas a serem diferentes. Sempre lhes são impostos padrões que julgam como certos, ou mais convenientes. Então, como ser um profissional diferenciado recebendo uma formação idêntica? Isso me parece muito contraditório [...].

---

[9] Eu, prof. Otávio, tive a oportunidade de fazê-lo algumas vezes e cheguei a despertar a imagem de mentiroso em meu empregado do meu sítio, ao procurar contar-lhe como funciona o ensino de Engenharia, usando linguagem adequada.

Como que antevendo a essência da ideia de que viríamos querer destacar um século depois nesta obra, Fernando Pessoa, por muitos considerado o maior poeta da língua portuguesa, escrevia, nos primórdios dos anos 1900:

> POBRES DAS FLORES nos canteiros dos jardins regulares.
>
> Parecem ter medo da polícia ...
>
> Mas tão boas que florescem do mesmo modo [...] (Pessoa, 1974, p. 221).

Fotografia 1 – Sala de aula convencional

Fonte: West (2017)

A Fotografia 1 parece reproduzir a imagem que o poema suscita. Isto é, o que a escola tradicional de Engenharia, em geral, faz com os estudantes. Num momento da vida, talvez o mais fértil da existência humana; o da transição da adolescência para a fase adulta[10], em que a disposição emocional para empreender ações e que um espírito ousado e destemido, sejam os maiores da vida do indivíduo, ocasião altamente propícia ao encorajamento para o empenho em iniciativas audaciosas e ao estímulo para o desenvolvimento das potencialidades individuais; o que fazem as Escolas

---

[10] Idade em que o indivíduo não está mais preso às "amarras" da necessidade de contestação (uma das características da adolescência) e quando a sua saúde física e mental está à "plena carga" e ainda não firmou compromissos nos campos pessoal, profissional e ideológico. Observe-se, como curiosidade, que os grandes *insights* de muitos gênios ocorreram próximos da faixa de idade entre os 17 e 27 anos.

de Engenharia tradicionais? Exigem dos seus estudantes uma resignação a processos herméticos, rígidos e "insípidos", impondo-lhes uma postura passiva de meros receptores de informações transmitidas.

Esse desajuste se agrava, com a aceleração do ritmo da vida atual, propiciado pela intensificação das conexões digitais, onde os jovens: têm acesso quase ilimitado e instantâneo ao que outrora cabia à Universidade lhes transmitir; possuem uma agilidade crescente e maior do que a de seus docentes nesse aspecto; e vivem interesses em constantes e profundas mudanças, completamente distintos daqueles que moviam seus professores, quando estudantes.

O ambiente educacional, desestimulante e sem dinamismo "produz" profissionais, destituídos do perfil demandado pela sociedade. Como consequência, observamos atualmente, no Brasil, uma profunda contradição: apesar do elevado número de engenheiros que se formam anualmente e de haver demanda por bons profissionais da área, há elevados contingentes de engenheiros desempregados e, ao mesmo tempo, oferta de vagas que permanecem ociosas.

Cite-se, por exemplo, que, no ano de 2008, a Associação Brasileira de Metalurgia, Materiais e Mineração (ABM), promoveu um seminário sobre qualificação profissional. Nesse evento, foi apresentado pela empresa Belgo Bekaert um caso que ocorreu com ela. A empresa necessitava de um engenheiro, para participar de um treinamento em Luxemburgo, em uma área específica de pesquisa. Promoveu, então, um processo seletivo, no qual se inscreveram cerca de 3.000 engenheiros. Ao final do processo, nenhum foi escolhido. Na ocasião do seminário, em que estavam presentes reitores de várias universidades da região, foi-lhes perguntado sobre qual teria sido a causa daquele fato. Nas respostas que se seguiram, nada de concreto e conclusivo foi afirmado. Isso era de se esperar, pois, se algum daqueles dirigentes tivesse conhecimento das reais causas do problema, já estaria atuando no sentido de saná-las.

Até algumas décadas atrás, a principal função desempenhada pelas Instituições de Ensino Superior (IES), na área da Engenharia, era a de servir de repositório de informações técnico-científicas e, nessa condição, os professores apresentavam-se como "instrumentos" de transmissão delas. Muitos dos docentes da área tinham nessa missão uma de suas funções principais. Infelizmente para eles, o advento da internet franqueou amplo acesso à informação e os estudantes, que já crescem no ambiente da rede mundial, são muito ágeis nesse mister. Acresça-se o fato de que os jovens de hoje vivem num ritmo totalmente incompatível com o das aulas clássicas de Engenharia.

Ratificando a ideia da necessidade de mudanças, é comum ouvir-se de empregadores, reclamações quanto à incipiente preparação para o imediato exercício profissional dos engenheiros recém-formados que lhes são entregues pela Academia. Alguns deles chegam a afirmar que a empresa leva pelo menos de dois a três anos para "formar" um engenheiro recém-formado. A Confederação Nacional da Indústria (CNI) encomendou de especialistas de altíssimo nível a elaboração de um documento, intitulado "Inova Engenharia", para, no Congresso Brasileiro de Educação em Engenharia (Cobenge), em setembro de 2006, "provocar" a Academia Nacional da área de Engenharia e cujo conteúdo ainda é muito pertinente. A CNI entendia que era preciso promover radicais e profundas transformações na preparação dos engenheiros no País.

Das 104 páginas do documento, tivemos a ousadia de compor uma síntese muito compacta, agregando pequenos trechos, em que são abordados os aspectos que nos movem neste livro:

> À insuficiência quantitativa de engenheiros, soma-se o problema da qualidade [...]. Sem um contingente expressivo de Engenheiros bem formados e capazes de se atualizar, o país não será capaz de fazer frente ao desafio de acompanhar a evolução tecnológica global [...]. [...] A sociedade vem exigindo Engenheiros com competências novas, com grande flexibilidade e capacidade de aprender [...]. Cada vez mais, um Engenheiro deve ter: capacidade de comunicação; consciência das implicações sociais, ecológicas e éticas envolvidas nos projetos de engenharia; falar mais de um idioma; e estar disposto a trabalhar em qualquer parte do mundo. [...] ter atitude empreendedora; capacidade de gestão [...], liderança [...]. Nas últimas décadas, os principais ativos das indústrias deixaram progressivamente de ser maquinário e instalações para ser capital humano e capacidade criadora [...]. Engenheiros são protagonistas na transformação de conhecimento em riqueza. Por isto, deve-se formá-los numa perspectiva humanística ampla [...]. As novas tecnologias são desenvolvidas por equipes interdisciplinares de alta qualificação [...]. O Engenheiro não deve ter sua capacitação restrita às habilidades técnicas [...]. Essas questões vêm levando diversos países a discutir a necessidade de modernizar sua

educação em Engenharia [...]. A modernização da educação em Engenharia deve se voltar não só a atender ao mercado de hoje, mas, sobretudo, a formar os Engenheiros de que o país precisará amanhã [...]. A modernização da educação é essencial num contexto em que o dinamismo das mudanças tecnológicas torna os conhecimentos obsoletos numa velocidade cada vez mais rápida. [...] Estima-se que metade do que se aprende na Universidade estará superado após 5 anos [...]. O novo contexto tecnológico exige mudanças no perfil do Engenheiro e, portanto, no perfil da educação em Engenharia [...]. A maior mudança, porém, é na área da aprendizagem [...]. Garantir que o futuro profissional aprenda a aprender sozinho, para evitar a ameaça da obsolescência prematura. Tudo que o aluno pode ler e entender não deverá ser exposto pelo professor [...]. Garantir que o aluno aprenda a fazer – com criatividade e ousadia – e seja desafiado a "engenheirar" não apenas na escola como no setor produtivo, implica profundas transformações na atividade do docente, que passa a ser não mais o que transmite, mas o fornecedor de estímulos [...]. É essencial evitar a prática excessiva de compartimentar o conhecimento e suas aplicações. A natureza e as modernas tecnologias são complexas e multidisciplinares. A visão unidisciplinar é artificial. Portanto, as divisões entre departamentos e disciplinas deve ser o menos estanque possível. Devem-se ensaiar novas estruturas organizacionais e novas maneiras de estudar, entender os fenômenos e suas aplicações e implicações. Dotar o futuro Engenheiro de uma visão sistêmica [...]. A mudança de paradigmas na organização da produção exige uma mudança do modelo organizacional dos cursos de Engenharia, cujo foco tem de deixar de ser o ensino e passar a ser a aprendizagem [...]. É importante ainda "legitimar" conhecimentos. O sistema educacional formal não tem o monopólio do conhecimento. A escola deverá não só fomentar a busca de conhecimentos onde eles estiverem disponíveis, como também aceitá-los oficialmente [...]. Embora as novas diretrizes curriculares do curso de Engenharia tenham flexibilizado a organização dos cursos, ainda predomina o modelo curricular que concentra disciplinas básicas teóricas nos primeiros semestres, modelo que favorece a desvinculação entre teoria e prática e desestimula os alunos. [...] A introdução de conteúdos práticos e contextualizados desde o início do curso é essencial para a assimilação dos conteúdos teóricos dentro da perspectiva de sua aplicação prática criativa. Além disso, pode ser um importante fator de motivação para o aluno

[...]. O atual modelo de formação de Engenheiros oferece ao aluno uma representação "bidimensional" e narrativa de uma realidade que é tridimensional e complexa. Desvinculada da realidade, a teoria acaba perdendo o importante papel de ferramenta para a compreensão [...]. No Cobenge de 2005, foram apresentadas críticas contra à excessiva concentração nos dois primeiros anos dos cursos em disciplinas teóricas e métodos quantitativos e de cálculo. [...] As tradicionais aulas expositivas, baseadas no uso intensivo do quadro negro e de exposição verbal de conhecimentos deveriam ser substituídas por sistemas mais eficientes e participativos [...]. A educação em Engenharia deve incorporar métodos modernos, que estimulem o aprender a aprender e o aprender a empreender. [...] Deve-se fomentar no estudante o exercício da prática de definir problemas, projetar soluções e tomar decisões [...]. As novas abordagens sintonizadas com os novos paradigmas de aprendizagem não devem centrar-se mais na transmissão do conhecimento e sim na sua produção, colocando o aluno como elemento ativo e interativo do processo de ensino/aprendizagem. Isso exige novas metodologias e novos meios de educação que privilegiem atividades curriculares que desenvolvam no aluno a criatividade, o senso crítico e uma atitude proativa, que lhe serão essenciais no exercício profissional [...] (IEL, 2006).

Ora, a clareza do que é exposto e a respectiva densidade do conteúdo, nesse documento da CNI, são muito contundentes[11]! Porém, praticamente não causou efeitos imediatos. Entretanto, um aumento da inquietação e da segurança foram desencadeados em um pequeno grupo de "lideranças" (abnegados) da Academia, já sensibilizadas com a questão.

Até cerca de meio século atrás, as grandes corporações assumiam a execução de, praticamente, todas as atividades relativas a todos os segmentos relacionados, direta ou indiretamente, ao seu negócio, em modelos administrativos verticalizados. Dentre outras razões, porque o mercado apresentava pequena diversidade de ofertas de produtos e serviços e as margens econômicas das atividades industriais lhes permitiam que assumissem um amplo espectro de atividades, para garantir seu sucesso comercial. Uma mineradora, por exemplo, mantinha um setor de telecomunicações, para propiciar serviços de qualidade entre as suas unidades e delas com a central. Com o passar do tempo, a realidade foi se transfigurando com o advento

---

[11] Releia, se julgar necessário!

da oferta de um diversificado rol de produtos e serviços, o que propiciou a constituição de redes nos sistemas produtivos, otimizando a eficiência dos processos e, portanto, desincumbindo as grandes empresas de terem que cuidar de um diversificado espectro de atividades que, muito pouco, ou nada, tinham a ver com o seu negócio. Serviços de saúde, alimentação, transporte de pessoal, só para ficar nesses exemplos básicos, então, passam a ser terceirizados. As empresas deixam de cuidar de uma vasta gama de atividades para os quais encontram ofertas de qualidade no mercado. Esse processo chegou a tal ponto que as antigas fábricas de automóveis, que assumiam de "A a Z" no processo produção de um veículo, se transformaram em montadoras! A constituição de redes industriais, embora complexifiquem os processos, otimizam a produção, em todos os seus aspectos, em especial o da qualidade e o econômico.

Nesse contexto, no entanto, tem-se observado a emergência da chamada universidade corporativa, no âmbito organizacional interno das grandes empresas, cuidando especialmente da preparação de seus profissionais e do desenvolvimento tecnológico de seu interesse.

Ora, se se ativer ao que fora exposto, o que se pode imaginar acerca da adequação e da eficiência da Academia, em especial na área da Engenharia, ao se constatar o advento das ditas universidades corporativas? As empresas, afinal, não têm procurado cuidar apenas da essência de seu negócio, servindo-se do que o mercado lhes pode oferecer? A ideia pode parecer precipitada, mas esse poderia ser um sintoma de alguma incompatibilidade, inadequação ou ineficiência da Academia para o atendimento das necessidades empresariais? Caberia aqui uma reflexão cuidadosa?

Sintonizado com os anseios do mundo dos negócios, e das contingências atuais da sociedade, e procurando induzir as mudanças desejáveis, o Ministério da Educação brasileiro define qual deveria ser o perfil do novo engenheiro. A Resolução nº 2, de 24 de abril de 2019, da Câmara de Educação Superior do Conselho Nacional de Educação, que institui as Diretrizes Curriculares Nacionais do curso de Graduação em Engenharia (DCNs), em seu Artigo 3º, estabelece:

> O perfil do egresso do curso de graduação em Engenharia deve compreender, entre outras, as seguintes características:
>
> I- ter visão holística e humanista, ser crítico, reflexivo, criativo, cooperativo e ético e com forte formação técnica;

II- estar apto a pesquisar, desenvolver, adaptar e utilizar novas tecnologias, com atuação inovadora e empreendedora;

III- ser capaz de reconhecer as necessidades dos usuários, formular, analisar e resolver, de forma criativa, os problemas de Engenharia;

IV- adotar perspectivas multidisciplinares e transdisciplinares em sua prática;

V- considerar os aspectos globais, políticos, econômicos, sociais, ambientais, culturais e de segurança e saúde no trabalho; atuar com isenção e comprometimento com a responsabilidade social e com o desenvolvimento sustentável (Brasil, 2019).

Ora, absolutamente, esse não tem sido o perfil que se conhece de um engenheiro[12]! Por mais que queiramos achar a definição desejável e compatível com o que preconiza o documento da CNI, não é o que a escola tem propiciado. Mas é exatamente esse o desafio: substituir as metodologias que prepararam os engenheiros que conhecemos, por outras que os formem com o novo perfil! Mas como fazer isso, sem uma transição radical paradigmática?

Se a necessidade de uma evolução profunda no perfil do engenheiro já vem sendo cobrada no meio empresarial, e o inequívoco desconforto discente vem se acentuando, inevitavelmente esse contexto vem fazendo crescer também, no âmbito acadêmico, um incômodo e uma "percepção" da necessidade de se transformar o ensino da Engenharia, para se propiciar que as novas gerações de engenheiros venham a se tornar muito diferentes das que povoam o mercado.

Diversos são os debates, as conversações, os eventos e os trabalhos que tratam do tema, demonstrando tal preocupação. Porém, parece que esse sentimento seja suscitado muito mais por sintomas percebidos; como a evasão escolar e a insatisfação discente, ou é despertado pelas reclamações e por trabalhos, como o Inova Engenharia e outras manifestações similares; do que como resultado de reflexões próprias, mais profundas e consistentes. Entendemos que as avaliações realizadas no meio acadêmico docente da Engenharia, em geral, ainda que bem-intencionadas, não mergulham na profundidade das raízes do problema.

---

[12] Isso nos parece com os discursos de políticos em campanha: falam do país que desejam. Porém, esclarecer como farão para chegar lá, não o fazem, pois não o sabem! Afinal, qual seria a metodologia capaz de formar esse novo engenheiro?

Quanto à insatisfação discente, por não perceberem as razões desses sentimentos, há uma tendência, entre os docentes, de atribuí-los a causas diversas e superficiais, em especial, ao descompromisso das gerações atuais e ao despreparo dos ingressantes. Pode haver despreparo na formação pregressa dos estudantes. Porém, criar motivação, por meio de abordagens adequadas, e recuperar eventuais déficits de formação, é perfeitamente possível.

Por outro lado, em setembro de 2017, o jornal britânico *The Economist* apresenta as propostas do presidente francês, Emmanuel Macron, a respeito da educação na França. O próprio título, *A Tirania do Normal: um único tipo de educação não serve para todos*, já anunciava claramente a intenção de sua proposição, não? Pois, bem, destacamos alguns trechos de sua fala:

> [...] mais tempo para mais variedade, experimentação e criatividade [...] Até hoje, o poderoso ministério da educação estabelece currículos e horários padronizados. [...] A experimentação é frequentemente considerada como suspeita. As aulas não são laboratórios", observou um relatório da inspetoria conservadora de educação há alguns anos, 'e os alunos não são cobaias [...]'. No entanto, "na realidade, o nosso sistema de padronização é desigual", diz Jean-Michel Blanquer, ministro da educação francês. "[...] alunos franceses de origens mais pobres sentem "mais dificuldade", [...] As escolas, com seus exigentes conteúdos acadêmicos e testes, fazem bem para os mais brilhantes, mas muitas vezes falham no segmento menos favorecido da população [...] A educação francesa tem sido executada seguindo padrões quase militares. [...] a escola de computação 42 é diferente em tudo do ensino superior francês tradicional. [...] Não possui aulas, não tem matrizes curriculares ou horários fixos e não emite diplomas formais. Todo o aprendizado é feito através de tarefas, no próprio ritmo dos alunos; os "diplomados" são muitas vezes aprovados pelos empregadores antes de terminarem [...] a taxa de evasão é de 5%. [...] em 2013, Le Monde descreveu-o como "estranho". Mas, Nicolas Sadirac, o diretor, disse: "Não trabalhamos com transmissão de conhecimento, estamos co-inventando a ciência da computação." [...] Do outro lado do rio Sena, na capital do país, a Universidade de Paris-Descartes é um mundo muito diferente da 42. [...] também mostra como o ensino superior francês pode amarrar os inovadores [...] a taxa média de abandono escolar na Descartes nos últimos seis anos foi de 45%. [...]. Há uma série de reflexões sobre como se libertar da padronização e tornar o ensino mais individualizado sem perder a excelência. [...] (Macron, 2017).

Reflexões desse tipo podem ser encontradas nos círculos acadêmicos em vários países.

A crítica do presidente francês se refere ao ensino de seu país, mas pode-se transpor sua fala para o ensino de Engenharia brasileiro, mesmo porque, a matriz científica e paradigmática da Ciência que praticamos é a europeia, em especial a francesa, e a França é a pátria de Descartes...

Isso tudo se verifica, num contexto em que a tecnologia (objeto precípuo de atuação da Engenharia) evolui numa velocidade assustadora, exigindo dinamismo no processo de ensino e na capacidade de adaptação e atuação discentes, ou seja, dos engenheiros em formação. Há uns 30 anos, ouvia-se o engenheiro-cientista brasileiro dedicado às questões da evolução tecnológica, Waldimir Pirró e Longo, dizer em palestras: *"Metade das tecnologias que estarão no mercado dentro de dez anos, sequer foram pensadas hoje"* (*apud* Borges, 2013, p. 73). Como o processo de evolução tecnológica tem tido uma derivada segunda positiva (aceleração acelerada), se atualizarmos essa afirmação, esse prazo terá se encurtado muito. Logo, lembrando-se de que a tecnologia é a "seara" de trabalho do engenheiro, o contexto evolui aceleradamente para um cenário aterrador, para os responsáveis pela concepção e implantação de novos "processos de formação de engenheiros"[13], pois, fala-se de profissionais para começar a atuar, no mínimo[14], daqui uns sete anos e que devem ter uma vida profissional ativa de 35 a 50 anos. Um engenheiro para trabalhar de 2030 a 2070!

Para turvar mais ainda o quadro, Rifkin[15] ressalta que vivemos de forma acelerada a transição da Segunda, para a Terceira Revolução Industrial. A matriz energia-comunicação-transporte, que sustentava uma, vai se esgotando e a que apoia a nova, ainda emergente, está em franca expansão, sem que o grande público se dê conta disto, e trará consequências sociais, econômicas e tecnológicas imprevisíveis. A nova realidade estaria fortemente assentada na **cooperação** e na **internet das coisas-IdC**. Em seu livro, Rifkin (2016, p. 16) diz:

> As mudanças trazidas pelo [...] IdC [...] vão muito além [...] do comércio. Toda matriz de comunicação/energia/transporte

---

[13] Receamos utilizar o termo cursos, uma vez que a perplexidade, que o cenário nos causa, traz dúvidas sérias sobre a forma mais adequada a adotar para a formação dos futuros engenheiros...

[14] Se falamos de novas estratégias de formação, haverá um tempo para a sua idealização e outro para a formação da 1ª turma.

[15] Jeremy Rifkin é economista e destaca-se de seus pares por possuir excelente formação em Termodinâmica. Foi conselheiro do Departamento de Estado americano e é autor de vasta bibliografia de referência.

> é acompanhada [...] de preceitos [...] sobre como a sociedade e a vida econômica devem ser organizadas [...] Esses preceitos [...] canonizados em um sistema de crença abrangente, [...] a sugerir que o novo paradigma econômico [...] é [...] reflexo da ordem natural e, portanto, a única forma legítima de conduzir a vida social. [...] Desconheço [...] instância em que a visão da sociedade sobre a ordem natural esteve em desacordo com [...] sua relação [...] com o ambiente. Ao construir uma visão da natureza [...] cada sociedade poderia se tranquilizar sabendo que [...] estava organizada correspondia à ordem natural das coisas. [...] uma crítica [...] como [...] estavam organizadas [...] vista como heresia, [...] em conflito com as regras que governavam a natureza e o cosmo. [...] por isso [...] mudanças de paradigma são tão disruptivas e dolorosas [...] questionam [...] premissas [...] que embasam os modelos [...] existentes, bem como o [...] sistema de Crenças [...] a visão [...] que os legitima. [...]

Como se vê, o autor sugere que uma nova "ordem natural" promoveria uma nova relação do ser humano com o ambiente, acarretando uma mudança profunda no sistema de preceitos e crenças que legitimariam a condução das relações socioeconômicas. O advento da nova matriz irá promover: uma descentralização do sistema produtivo, apoiada na disseminação do conhecimento, no acionamento e controle de instrumental propiciado pela IdC; uma harmonização das atividades antrópicas com o meio ambiente e profundas alterações nas relações humanas.

Se o quadro até então descrito mostra um desafio enorme a ser enfrentado, no que tange aos aspectos contextuais, um fator dificultador muito maior, a nosso ver, de caráter paradigmático, tem que ser enfrentado, sem o que, uma barreira enorme bloqueará a possibilidade de implantação de transformações efetivas[16].

Afinal, qual seria a essência do descompasso entre a prática do ensino da Engenharia e seus resultados desejáveis? Por que ele é tão disseminado e se mostra tão difícil de identificação no que às tange suas causas?

A dificuldade reside no fato de que a causa é de cunho paradigmático![17]

---

[16] O capítulo seguinte dá uma ideia geral sobre a transição paradigmática em curso na Ciência, destacando um de seus aspectos.

[17] E os efeitos dos paradigmas, infelizmente, por atuarem no plano do subconsciente, são dificílimos de serem constatados e, portanto, superados...

3

A TRANSIÇÃO DE PARADIGMAS NO ÂMBITO DA CIÊNCIA

Por várias vezes, ao pensar em falar sobre "mudança na forma de pensar", que nos compele a abandonar a "segurança" e "nos abriga" a penetrar numa seara, que represente um mar incertezas, surge a ideia da necessidade de uma predisposição do leitor de enfrentá-la, para evitar que a insegurança lhe crie bloqueios e o impeça de iniciar a "viagem" rumo à transição paradigmática.

Nesse sentido, sempre vem à mente a *Mensagem* introduzida por Fernando Pessoa em sua obra, na qual procura alertar, e predispor seus leitores para a compreensão dos "símbolos", que estariam integrando seus poemas e que a seguiria:

> O entendimento dos símbolos e dos rituais (simbólicos) exige do intérprete que possua cinco qualidades ou condições, sem as quais os símbolos serão para ele mortos, e ele um morto para eles.
>
> A primeira é a simpatia; não direi a primeira em tempo, mas a primeira conforme vou citando, e cito por graus de simplicidade. Tem o intérprete que sentir simpatia pelo símbolo que se propõe interpretar.
>
> A segunda é a intuição. A simpatia pode auxiliá-la, se ela já existe, porém não criá-la. Por intuição se entende aquela espécie de entendimento com que se sente o que está além do símbolo, sem que se veja. [...] (Pessoa, 1974, p. 69).

Pois é, da mesma forma, a simpatia pelo que poderá advir na, e da "viagem" é um fator que ameniza os receios, um incentivo e predispõe o leitor para empreendê-la. Se o Capítulo 1 não foi suficiente para que você já se veja nessa condição, leia alguma coisa do Capítulo 6 e retorne.

Com o intuito de esclarecer a aludida transição paradigmática, apresentam-se aqui algumas considerações que destacam um dos seus aspectos – a complexidade. Outros tão importantes como esse devem ser considerados para se inteirar e se empenhar na transição paradigmática, da Ciência Clássica, para o Pensamento Sistêmico novo-paradigmático. O entendimento do aspecto ora destacado já demanda um esforço significativo para uma superação de condicionamentos – que a Ciência Clássica se nos impõe – e representa um enorme avanço. Porém, não é suficiente para a mudança radical, como é de todo desejável.

Para entendermos de forma mais ampla e com maior abrangência, essa transição é sintetizada no Capítulo 5 deste livro.

A Academia forma engenheiros fundamentada nos mesmos pressupostos epistemológicos de quando a disciplina foi criada, razão do descompasso, evidenciado no capítulo anterior, que vem se agravando, devido à evolução tecnológica, às modificações e às complexificações dos ambientes socioeconômicos. Tais transformações vêm dando e entender, entretanto, aos gestores do ensino da Engenharia que devem introduzir desdobramentos nas modalidades, fragmentando as já existentes, algumas das quais aprofundam conhecimentos em espectros cada vez mais estreitos, resultando uma dificuldade crescente de interlocução, e cooperação, entre as modalidades existentes, na execução de projetos mais sofisticados...

A Engenharia clássica e o ensino da Engenharia são profundamente fundamentados no paradigma cartesiano-mecanicista! Exatamente por isso, a nosso ver, vivem um profundo paradoxo, que vai se agravando de forma acelerada, tanto no que diz respeito às demandas que o mercado lhes cobra, como no processo adotado para a formação dos profissionais.

Um dos aspectos mais importantes, em debate no *"front"* científico na atualidade, refere-se ao esgotamento da abordagem da Ciência tradicional, em especial, no que toca à sua inadequação para lidar com temas complexos, cujo trato, devido às suas consequências para o homem contemporâneo, torna-se imprescindível para a civilização atual. Estratégias da abordagem cartesiana já não dão mais conta de importantes temas emergentes, que, devido à sua complexidade intrínseca, não são devidamente vislumbrados e, portanto, não são passíveis de trato pelos recursos propiciados por esse paradigma científico.

A Ciência ganhou um impulso significativo há cerca de três séculos, tendo em René Descartes um destaque importante. Em seu livro *Discurso do Método*, publicado em 1637, o autor propôs fundamentos para o, então, emergente paradigma da Ciência que se desenvolveu e se consolidou a partir daquela época, estabelecendo alguns pilares para o que propunha ser o método científico. Dizia o filósofo:

E como a multiplicidade de leis frequentemente fornece desculpas aos vícios, de modo que um Estado é muito mais bem regrado quando, tendo pouquíssimas leis, elas são rigorosamente observadas; assim, em vez desse grande número de preceitos de que a lógica é composta, acreditei que me bastariam os quatro seguintes, contanto que tomasse a firme e constante resolução de não deixar uma única vez de observá-los [...]

- O **primeiro** era de nunca aceitar coisa alguma como verdadeira sem que a conhecesse verdadeiramente como tal; ou seja, evitar cuidadosamente a precipitação e a prevenção, e não incluir em meus juízos nada além daquilo que se apresentasse tão clara e distintamente a meu espírito, que eu não tivesse nenhuma ocasião de pô-lo em dúvida;
- o **segundo**, dividir cada uma das dificuldades que examinasse em tantas parcelas quantas fosse possível e necessário para melhor resolvê-las;
- o **terceiro**, conduzir por ordem meus pensamentos, começando pelos objetos mais simples e mais fáceis de conhecer, para subir pouco a pouco, como por degraus, até o conhecimento dos mais compostos; e supondo certa ordem mesmo entre aqueles que não se precedem naturalmente uns aos outros;
- [...] e, o último, fazer, em tudo, enumerações tão completas, e revisões tão gerais, que eu tivesse a certeza de nada omitir[...] (Descartes, 1999, p. 22).

Um desses pilares, em especial, contribuiu para a evolução da racionalidade ocidental, a partir da suposição de que o todo pode ser considerado a soma das partes: o segundo pilar. De acordo com esse preceito, que hoje adotamos de forma automática em quase tudo que fazemos, para se estudar qualquer coisa, cuja abordagem conjunta pudesse se tornar algo "espinhoso", focalizamos cada um dos seus elementos isoladamente, para depois consolidar o entendimento do todo, na "junção" dos estudos parciais.

O poder dessa estratégia foi de tamanha envergadura que permitiu uma evolução tão pujante da Física Clássica que, subsidiariamente, propiciou a "criação" e uma fantástica evolução do Cálculo Diferencial e Integral, pois, liderados por Newton, os físicos, que se dedicavam ao estudo da Matéria, sentiram a necessidade de um "instrumental" matemático que os permitisse enfrentar o desenvolvimento daquela área da Ciência. Esse crescimento da

Física Clássica e da Matemática "pavimentou" o caminho para a evolução da uma "prodigiosa" Engenharia. Os admiráveis resultados tecnológicos, decorrentes de tais avanços nos rodeiam e não carecem de ser enumerados. A Humanidade experimentou um processo de "evolução" jamais visto na História. Como a Física logrou enorme sucesso, com a adoção desses pressupostos, o método cartesiano se consolidou como "o paradigma da Ciência".

Porém, outras áreas, como as Ciências Biológicas, Sociais e Humanas não experimentaram uma evolução tão intensa e contínua, como ocorreu com a Física. Houve controvérsias e turbulências na evolução delas; pois, sentindo que, para ombrearem com a evolução em curso na Física e terem o *"status"* de Ciência deveriam ser capazes de aplicar plenamente o Método, que tamanho sucesso lá alcançava; mas, desafortunadamente, encontravam sérios entraves para isso. Os físicos, que entendiam a sua área como a "Rainha das Ciências" e chegavam a imaginar que "dali" encontrar-se-iam explicações para tudo o que se passava na Natureza, davam a entender que a incapacidade demonstrada pelas outras áreas, na adoção plena do método cartesiano, devia-se a alguma fraqueza científica existente naqueles meios científicos. Os cientistas daquelas áreas, por sua vez, experimentando sucessivas frustrações e tentando insistir em "serem científicos", não conseguiam perceber que era o método que não lhes fornecia o "arsenal" necessário para enfrentar o estudo dos objetos que lhes cabia abordar. E o pior, nem mesmo os "vitoriosos físicos" se aperceberam disso.

Por outro lado, subjacente ao pensamento cartesiano, estão as ideias de que: a Natureza "funciona" como um conjunto de máquinas, portanto, perfeitamente abordável pelos desdobramentos da Mecânica Newtoniana e que cabe ao ser humano entendê-la, para subjugá-la e dela extrair benefícios para a sua sobrevivência e o seu "bem-estar". Além disso, pressupõe a ideia de que o papel da Ciência é "desvelar a verdade". O cientista possuiria, portanto, um "acesso privilegiado à realidade". Infelizmente, para os crédulos contumazes do cartesianismo-mecanicista, como poderá ser entendido mais adiante e bem melhor no Capítulo 5, essas ideias não passam de vãs ilusões.

A tecnologia, derivada dos progressos da Ciência Clássica cartesiano-mecanicista[18], entretanto, desenvolveu-se com tais pressupostos e hoje nos propicia verdadeiros "prodígios". Porém, vivemos num mundo profundamente desigual e contraditório! O certo é que o ser humano que

---

[18] Cartesiano, deve-se a Descartes. Mecanicista, à metáfora que considera que a natureza funcionaria como mecanismos.

pousou na Lua, por intermédio de desenvolvimentos advindos direta, ou indiretamente desse sucesso da Física, não conseguiu "encontrar" as melhores formas de convívio social e nem como alcançar um equilíbrio individual interior por meio das Ciências Sociais e Humanas. Os economistas, os cientistas políticos, os psicólogos etc. não sabem apontar caminhos para a superação das dificuldades que nos afrontam na atualidade: das questões ecológicas gravíssimas, às angústias existenciais da "solidão coletiva". Depois de duas décadas do *século XXI* emerge uma pandemia, e a Ciência Médica fica tateando para descobrir estratégias para enfrentá-la. Enquanto isso, a tecnologia dita *"hard"* continua a avançar de forma avassaladora. O método cartesiano, brilhante em sua essência, resultou, involuntariamente para aquele que o propôs, no estabelecimento de um profundo "desequilíbrio" entre as áreas da Ciência e nos levou a "desaguar" numa sociedade altamente fragmentada e individualista, no Mundo Ocidental[19]. As estruturas organizacionais, seja nos governos, nas empresas, nas escolas e, mesmo, nos currículos educacionais, como consequência paradigmática (segundo pilar de Descartes), são altamente fragmentadas.

E isso não causa perplexidade praticamente em ninguém. Afinal, é assim mesmo que as coisas devem ser organizadas... Parece-nos desconcertante que poucos se deem conta de que, na raiz dos problemas mencionados no parágrafo anterior, está a concepção do paradigma cartesiano-mecanicista (fragmentário, disjuntivo, atomístico), que induziu o processo de "evolução" da civilização ocidental após o Renascimento, levando a este "estado de coisas"[20].

Portanto, é imprescindível que se entenda melhor quais são as limitações desse paradigma, para que se possa vislumbrar caminhos que "mostrem alguma luz no fim do túnel". A nosso ver, impõe-se maior atenção à revolução paradigmática em curso no âmbito da Ciência e nos parece imperativo que o Pensamento Sistêmico deva ser mais conhecido e difundido! A sociedade se vê às voltas com uma contradição: o "sucesso" de um paradigma que suportou um fantástico desenvolvimento tecnológico, também levou a tal nível de complexificação dos ambientes que propiciou, que ultrapassou os próprios limites desse paradigma. De acordo com Prigogine e Stengers (1984, p. 225)[21]:

---

[19] Não ousamos tecer considerações a esse respeito sobre civilizações orientais, por não termos conhecimentos suficientes.

[20] Logo esse paradigma que considera conferir ao cientista um acesso privilegiado à realidade", à "verdade".

[21] Físico-químico, Nobel, um dos pioneiros no estudo da complexidade nos sistemas termodinâmicos longe do equilíbrio.

"O mundo técnico, que a Ciência Clássica contribuiu para criar, necessita, para ser compreendido, de conceitos muito diferentes dos desta Ciência".

Mas, afinal, porque as outras áreas da Ciência não deram conta de se "apropriar" do método cartesiano e qual teria, enfim, sido a causa desse desequilíbrio que tanta atribulação nos causa hoje?

Às outras áreas da Ciência cabe tratar de objetos, cuja abordagem plena necessariamente superaria as limitações do paradigma cartesiano, pois seria inevitável considerar, pelo menos, a complexidade intrínseca a eles, o que, infelizmente, "inexiste" para aquele paradigma.

A própria Física já se defrontara com a complexidade em alguns momentos de sua evolução (na dualidade onda-partícula; na mecânica quântica; na termodinâmica dos sistemas longe do equilíbrio; nos sistemas caóticos etc.), o que geralmente causava um grande incômodo entre os cientistas que a ela se dedicavam. A maioria, entretanto, ante a perplexidade que a questão lhes causava, e por não conseguirem decifrá-la com o arsenal que o paradigma científico vigente (cartesiano-mecanicista) lhe fornecia, não dando conta de enfrentá-la, preferia "fingir desconhecê-la". Porém, alguns poucos acabaram por resolver aceitar a sua existência e enfrentá-la.

Assim, essa emergência da aceitação da necessidade da abordagem da complexidade no âmbito da própria Física abriu as portas para debates mais amplos a seu respeito na comunidade científica, encorajando as outras áreas a se manifestarem sobre a questão e, assim, começarem a refletir que a tal dificuldade que, então, expunha-se aos físicos, assemelhava-se à que lhes atormentava, colocando-os em igualdade de condições. Conseguiram entender que era a limitação do paradigma cartesiano-mecanicista que os impedia de "avançar". Surge, então, a designação de **complexidade** para a propriedade daqueles sistemas aos quais o paradigma clássico se "via profundamente limitado".

Ressaltamos, entretanto, que tais debates, que se difundem em várias áreas da Ciência, a partir dos anos 1960 e 1970, ainda permanecem muitíssimo restritos a cientistas que transitam nas suas fronteiras e que tiveram a "coragem" de enfrentá-los, apesar de que uma terminologia pertinente (sistêmico, complexo, multi, inter e transdisciplinaridade etc.) já tenha transcendido tais círculos e se difundido há algumas décadas, sendo muito comum ouvi-las e vê-las nos meios mais esclarecidos da sociedade. Porém, podemos afirmar que, infelizmente, ainda são utilizados (quase sempre) como apenas um "modismo", e como uma tentativa de demonstração de erudição, e aplicados com forte viés do paradigma clássico.

Mas o que seria, afinal, um sistema complexo?

É um sistema em que as suas principais propriedades emergem da interação entre os seus elementos constituintes! São propriedades só observáveis no todo, sem "componentes" em suas partes. Dessa forma, como ficaria, o segundo pilar do método de Descartes (o atomismo – a decomposição do sistema em partes, para se estudar separadamente cada uma delas) para se tratar esses sistemas? Claro que não se aplicaria, pois, ao fragmentá-lo, eliminar-se-ia a possibilidade de se abordar (de "se enxergar" as interações, pois as partes estariam separadas) as suas principais propriedades: aquelas resultantes das interações entre seus elementos, então isolados, pela fragmentação.

A título de mera ilustração, o sabor doce da molécula de glicose ($C_6H_{12}O_6$) é uma propriedade só verificável na configuração da molécula em seu todo. Não há "componentes" do sabor doce em cada um dos átomos constituintes da molécula, se isolados entre si. Aliás, se suprimirmos um dos átomos da molécula, a "propriedade emergente" no todo, o sabor doce, desaparece[22].

Dando-se um salto enorme no exemplo, reflita agora sobre a composição química de seu corpo. Você já se deu conta de que a grande maioria dos átomos, que o compõe agora, não estavam aí, um ano atrás? No entanto, quem te conhecia naquela época, não hesitaria em reconhecer-te agora, mesmo que você tenha adquirido algumas marcas físicas contingenciais, que ocorrem com o tempo. Como assim? Não teria havido tanta mudança na sua composição química? Não há tantos átomos novos? E não se foram tantos?

Sim, mas agora que você sabe o que é complexidade, pode entender que o organismo humano é altamente complexo e o que o caracteriza e lhe confere uma identidade não é a sua composição química (não são os átomos que o compõe), mas a **organização** em que se encontram. Embora, não sejam mais os mesmos, a forma com que se relacionam é que caracteriza o indivíduo.

Surpreendente, não?

---

[22] Ressaltem-se as diferenças substanciais de comportamentos das moléculas, advindas da surpreendente variabilidade, a que se submetem os orbitais eletrônicos do átomo de carbono, na sua hibridização e que "abre as portas" para a Química Orgânica, a Química da Vida. Algo fascinante e que a torna tão distinta da Inorgânica. É o cerne da complexidade no mundo biótico e da variabilidade da vida!

Destaque-se que as interações entre elementos num sistema complexo são mútuas, paralelas, simultâneas e altamente dinâmicas (constroem histórias). Então, é muito difícil para a Civilização Ocidental, profundamente condicionada pela Ciência Clássica, enfrentar, com a sua pretensa "sabedoria", a complexidade dos problemas que se apresentam ao Ocidente atualmente. Cabe ratificar que a complexidade é apenas um dos três aspectos, do que Esteves de Vasconcellos considera como o Pensamento Sistêmico: o novo paradigma da Ciência, em livro homônimo, e que apresenta no Capítulo 5. Tal concepção aborda além da complexidade, a falácia da possibilidade da objetividade na Ciência, já suscitada por Heisenberg na Física, há tempos, e a questão da instabilidade dos sistemas complexos, todos "descartados" pelo paradigma cartesiano-mecanicista. Porém, não é intenção abordar esses outros aspectos no momento, por entendermos que a complexidade já é suficiente para destacar um aspecto fulcral do paradoxo de cunho paradigmático que defendemos existir no seio do ensino da Engenharia. Acreditamos assim, que, sendo felizes nesse propósito, os que forem sensibilizados poderão se interessar e, a partir de então, procurar ampliar sua visão sobre o novo paradigma da Ciência. Se não o forem, de nada terá valido a intenção e não haveria por que ter suscitado os outros aspectos.

A hegemonia do paradigma cartesiano-mecanicista, decorrente do enorme sucesso que alcançou na Física Clássica, explica muitas das dificuldades encontradas em outras áreas do conhecimento, comprometendo significativamente sua evolução, pois se sentindo compelidas a adotá-lo, não perceberam a inviabilidade. Observem-se contradições como as verificáveis na Medicina clássica, que, afetada pelo paradigma, subdivide o organismo humano em sistema respiratório, sistema gastrointestinal, sistema cardio-vascular e assim por diante. Surgem os especialistas que, não raro, cuidam de problemas em sua "área de atuação" e, inadvertidamente, provocam problemas em outras partes do organismo do cliente.

Simon (1999 *apud* Ertas *et al.*, 2003, p. 290) já elucidava o balanço crítico entre os pensamentos mecanicista e holístico:

> [...] se for necessário solucionar problemas [...] na Engenharia, como problemas de desenvolvimento de sistemas de larga escala, é necessário aumentar significativamente a colaboração interdisciplinar e desenvolver técnicas [...] direcionadas ao fenômeno interdisciplinar [...] Aplicar técnicas e abordagens desenvolvidas baseadas em uma única disciplina e esperar que eles funcionem efetivamente [...] com projetos de Engenharia

> de larga escala é uma estratégia que não pode continuar [...] estamos aprendendo que precisamos de uma ciência de sistemas complexos, e estamos começando a construi-la [...].

Como enfatiza o autor, as demandas que se colocam para a Engenharia vêm se apresentando, com frequência crescente, imersas em uma complexidade que, há tempos, seria inusitada.

De onde teria surgido, por exemplo, a necessidade de criação da tecnologia "BIM"[23] na construção civil? Com a inevitável e progressiva necessidade de sofisticação de algumas obras civis, em decorrência do desenvolvimento socioeconômico, aumentaram os riscos da ocorrência de frequentes e graves erros na elaboração, execução e mesmo manutenção dos respectivos projetos, visto que a amplitude do espectro da diversidade dos detalhes, assim como a sua extensão passou a demandar, cada vez mais, o concurso de um variado elenco de profissionais para sua execução, tornando a interação e a compatibilização dos seus trabalhos quase uma tarefa inviável, sem o concurso de tais modalidades de tecnologia. Uma interação harmônica entre os integrantes das equipes se impõe.

Por outro lado, caminhemos para refletir sobre uma questão profundamente delicada para a civilização atual, com a qual convivemos e, provavelmente, poucos se permitam meditar a respeito da existência de um preparo adequado de "*experts* no assunto" para enfrentá-la.

Convidamos então o leitor a ponderar sobre a enorme complexidade inerente às questões relativas ao Meio Ambiente. Por incrível que possa parecer, a necessidade de estudá-las não tem causado profundos incômodos, inseguranças e nem uma perplexidade generalizada nos profissionais formados com uma fundamentação cartesiano-mecanicista[24]. Como é que um profissional com formação cartesiano-mecanicista poderia obter resultados "saudáveis", ao pretender trabalhar com um "objeto" de tamanha complexidade[25], utilizando-se apenas do que sua formação lhe proporciona?

---

[23] Tecnologia BIM (sigla inglesa: **Building Information Modeling**) refere-se a sistemas digitais 3D, que propiciam o exercício interdisciplinar do relacionamento e da compatibilização dos trabalhos dos profissionais de quaisquer áreas envolvidos nas etapas de planejamento, execução, gerenciamento e manutenção de um obra, como arquitetos, engenheiros (das diversas modalidades), construtores e outros, propiciando que todos os processos ocorram de maneira harmônica, eficiente e integrada.

[24] Eis aí um exemplo claro dos efeitos nefastos da carência das reflexões epistemológicas em situações extremas.

[25] Destaquemos um sério problema, desapercebido para a maioria: **a Ciência Clássica usa a estratégia** de **destacar o** objeto a abordar – **Sistema**, e **centra nele o foco** das atenções. O que está fora, **denomina "Ambiente", ou "Meio".** **Tudo o que** lá **ocorre, desconsidera.** O máximo que leva em conta são as interações vindas do meio, através da fronteira, que afetam o interior do sistema. Ora, a **mudança do foco**, até então centrado num **Sistema** e que agora passa **para o**

Mesmo se ele se cercasse de uma competente equipe cartesiano-mecanicista, conseguiria alcançar êxito, utilizando-se de métodos que suas formações lhes proporcionaram? E os engenheiros tradicionais têm trabalhado com a temática com certa "desenvoltura e, diríamos, até certa falta de cerimônia"[26].

A adoção do atomismo cartesiano no âmbito da Engenharia levou ao seu contraditório desdobramento paulatino (especializações), à medida que a complexificação tecnológica avançava, e, simultaneamente, à progressiva fragmentação dos currículos, para tentar dar conta da significativa ampliação do espectro dos conhecimentos tidos como desejáveis.

Esse processo culminou num paradoxo vivido pela Engenharia nos dias de hoje: a emergência dos ambientes tecnológicos complexos, assim como nos próprios contextos socioeconômicos em que se aplicam, demanda engenheiros com formação mais abrangente e articulada, enquanto nos cursos: ainda impera a organização segundo o atomismo cartesiano (currículos fragmentados em disciplinas independentes entre si) e os processos didático-pedagógicos estão centrados num excessivo individualismo, em especial, do papel dos professores.

Ertas *et al.* (2003, p. 290) enfatizam:

> Disciplinas são simplesmente a manifestação do reducionismo cartesiano. Disciplinas são necessárias, mas não suficientes para solucionar problemas complexos e projetos de grande escala. A especialização como consequência do reducionismo cartesiano resultou no encolhimento do conhecimento humano [...] Devido à rápida expansão da informação e da compartimentação do conhecimento, os pesquisadores e educadores chegaram a um ponto onde eles têm grande dificuldade de relatar resultados de seu trabalho mesmo em campos muito relacionados. É exatamente aí onde as disciplinas e os métodos mecânicos falharam [...][27].

Como se não bastasse, se considerarmos a teoria das formas de Platão, é mister que nos dediquemos a captar as "formas das coisas", por ele entendidas como as suas "essências". A busca por entender as relações entre as partes que compõem um sistema, poderia nos remeter

---

Meio Ambiente como um todo, deveria causar uma **perplexidade nauseante** em quem tem alguma consciência da epistemologia que o norteia, **uma** profunda **conturbação mental** devida à sua **formação cartesiano-mecanicista!!!**

[26] Porém, os estudos ambientais, em geral, têm sido realizados por profissionais com formação cartesiano-mecanicista e são "avaliados" por profissionais com a mesma matriz de formação, nos órgãos ambientais. "Portanto: Tudo bem!".

[27] Versão para o português feita pela professora da PUC Minas, Maria Inês Lage de Paula.

à Matemática, para, com ela, entender-lhes um dos aspectos de suas essências. Portanto, algo importantíssimo a considerar, com referência aos sistemas complexos, são as características existentes na matemática que os expressaria, abundante em não linearidades, em especial, no que diz respeito à sua dinâmica.

Entretanto, desafortunadamente para os cientistas clássicos, a chamada Matemática superior estudada nas engenharias é praticamente toda linear, embora no mundo físico real as não linearidades estejam amplamente disseminadas. A "beleza" tão decantada dos formalismos matemáticos adotados na Física Clássica (toda expressa linearmente) advém, em geral, de procedimentos simplificadores linearizantes: "consideremos o processo apenas no intervalo..."[28]; "desconsidere a presença de..."; "..."[29]. Não condenaríamos aqui a adoção de tais procedimentos em grande parte das aplicações na Engenharia, principalmente, na ampla gama de situações em que, adotados os devidos "cuidados"[30], propiciam resultados razoáveis. É fundamental, entretanto, que se esteja alerta para: as limitações, eventuais problemas advindos delas e, em especial, a inevitável necessidade do abandono de uma "certeza"[31], inerente à postura dos praticantes da Engenharia.

Embora pareça óbvio que o ensino de Engenharia deva ser incumbido a engenheiros, há um profundo paradoxo na ideia de que eles possam cuidar dessa missão, pois, sendo meramente detentores de seu diploma, não estão preparados, pela sua escola, para a prática do magistério, simplesmente porque não lograram formação para tal, em sua graduação, e essa questão é muito mais séria do que possa parecer à primeira vista[32]. Para se entender melhor a afirmação, vejamos: em geral, o objeto de trabalho de um físico clássico (assim como o do engenheiro) é inanimado e pode ser tratado "sem grandes atropelos" por meio da aplicação do método cartesiano (Figura 1), que impera em sua formação e ele o aplica automática e intuitivamente, reforçando sua "crença" paradigmática.

---

[28] A Lei de Ohm, $V = R.i$, é, em geral, considerada linear, pois R é tomada como uma constante. Embora, isto só valha em pequenos intervalos de variações de corrente, uma vez que a dissipação de calor, devida à sua passagem em R, causa-lhe aquecimento e lhe produz uma variação. Surge então, um produto de variáveis: uma não linearidade!

[29] "Desconsidere a presença de atrito". "Considere o choque perfeitamente elástico". "Considere a mola ideal".

[30] Variações infinitesimais nas entradas, em soluções numéricas (que são as viáveis quando se utiliza os computadores digitais) para equações diferenciais não lineares, podem propiciar variações inimagináveis nos resultados.

[31] Que, na maioria das vezes, chega a ser uma postura arrogante.

[32] Diríamos que, mesmo os poucos que chegam receber alguma formação em pedagogia, essa, geralmente é uma formação clássica, que não lhe propicia a superação de seus pressupostos cartesianos.

O sujeito do conhecimento[33], qualquer que seja o observador, pode adotar a abordagem cartesiana de "decompor" o objeto de estudos[34] em partes, estudar cada uma delas separadamente, na ordem que melhor lhe convier, para, depois, compor os resultados num estudo conjunto. É esse paradigma científico que o engenheiro adota em seu trabalho.

Figura 1 – Relação Sujeito-Objeto nas Ciências Exatas

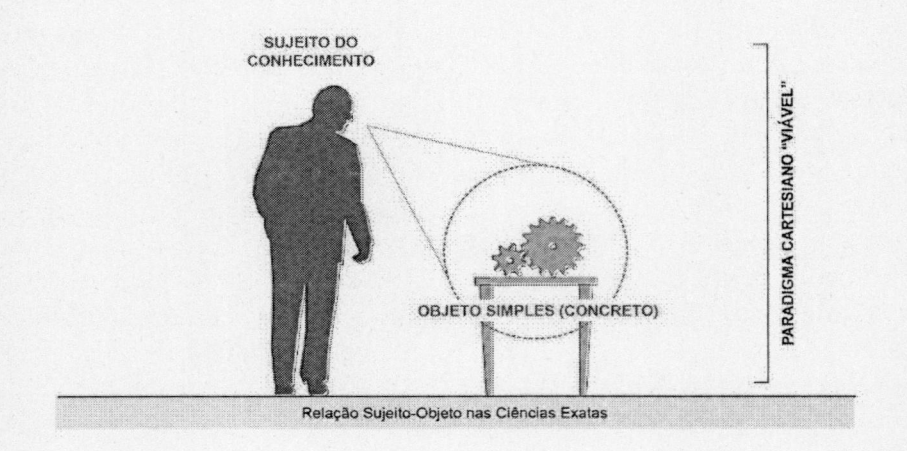

Fonte: o autor

As questões relativas à complexidade, retro abordadas, cujo aprofundamento sugerimos por meio da leitura do Capítulo 5, a rigor, não precisariam ser levadas em conta, no caso de sistemas físicos inanimados[35] da ordem de grandeza do ser humano. Outros aspectos muito incômodos, do Pensamento Sistêmico, para os praticantes do paradigma cartesiano, então, "poderiam ser totalmente desconsiderados" neste estudo, como o princípio que suscita uma inviabilidade de uma abordagem absolutamente objetiva pelo sujeito do conhecimento, introduzida na Ciência por Heisenberg, em seu Princípio da Incerteza, quando estabelece que o próprio ato de observar interfere no objeto, modificando necessariamente o resultado da observação. Esse princípio nos impõe, de forma implacável, que haja

---

[33] Nesse caso o físico (ou o engenheiro).

[34] Destacado dentro do círculo na Figura, um arcabouço de uma máquina.

[35] Sólidos, uma vez que os fluidos nos "pregam peças" terríveis.

sempre uma dúvida nos resultados das observações. Trata-se da chamada Questão do Sujeito e do Objeto[36], largamente abordada na Epistemologia. Tais incertezas são tangenciadas na Física estudada nas engenharias, na Teoria dos Erros, e genericamente nas práticas da Engenharia, pelas Margens de Segurança, adotadas nos projetos. Mas pode-se afirmar que, em ambos os casos, não é abordada a **incapacidade** intrínseca **de se alcançar** uma "**Certeza Absoluta**".

Entretanto, se nos ativermos ao trabalho nas Ciências Humanas, veremos que, por lidarem com objetos de estudos do **mesmo** grau de complexidade do sujeito do conhecimento (Figura 2), não haveria mais como adotar o paradigma cartesiano.

Como entender o comportamento humano, suas emoções, suas reações, suas relações etc., adotando o atomismo cartesiano[37]? Não há como não focar o objeto em seu "todo", desconsiderando que as interações entre os seus componentes sejam essenciais para o entendimento do ser humano!

Figura 2 – Relação sujeito-objeto nas Ciências Humanas

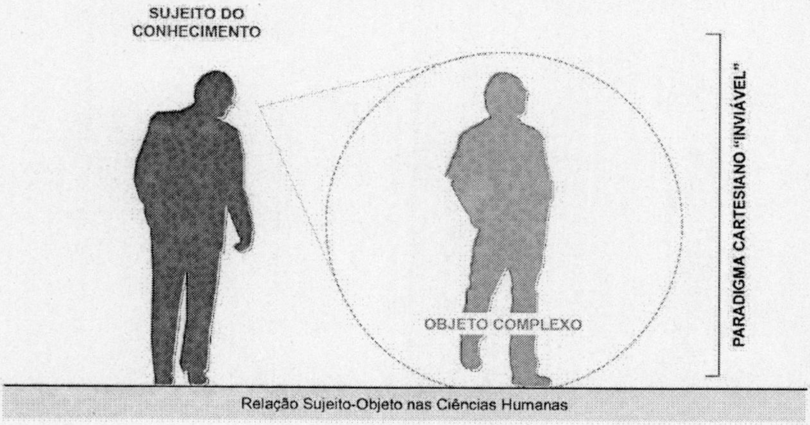

Fonte: o autor

---

[36] Detalhamento dessa questão é apresentado no Capítulo 5. Heisenberg suscitou que o ato de observar, interfere no observado. Logo, só devido a isso, o que se observa não seria propriamente a realidade.

[37] A decomposição do objeto em partes, estudo de cada uma delas separadamente, para, a partir daí procurar-se entender o todo???

Não se pode desconsiderar a complexidade do "objeto"! Além disto, um de seus aspectos fulcrais, a Questão Sujeito-Objeto (o observador e o observado inevitavelmente interferem-se mutuamente) já não pode mais ser desconsiderada. Como imaginar que um psicólogo não se deixe influenciar por seu paciente, em seu *"affaire"* e vice-versa? A abordagem sistêmica agora é inevitável!

Ora, já dispomos de argumentos suficientes para fundamentar a existência do paradoxo que preconizamos existir no ensino da Engenharia.

No âmbito do magistério na Engenharia (Figura 3), verificamos a existência de três elementos básicos:

- **Sujeito do Processo de Ensino**, uma figura humana à esquerda na figura (cor preta), que seria o **Professor**;
- **O Sujeito do Aprendizado, uma figura humana no centro da figura** (cor cinza), que seria o **Estudante**[38];
- **Objeto do Aprendizado do estudante**, um esboço de **máquina**, à direita da figura, destacado pelo círculo menor.

Figura 3 – Magistério na Engenharia

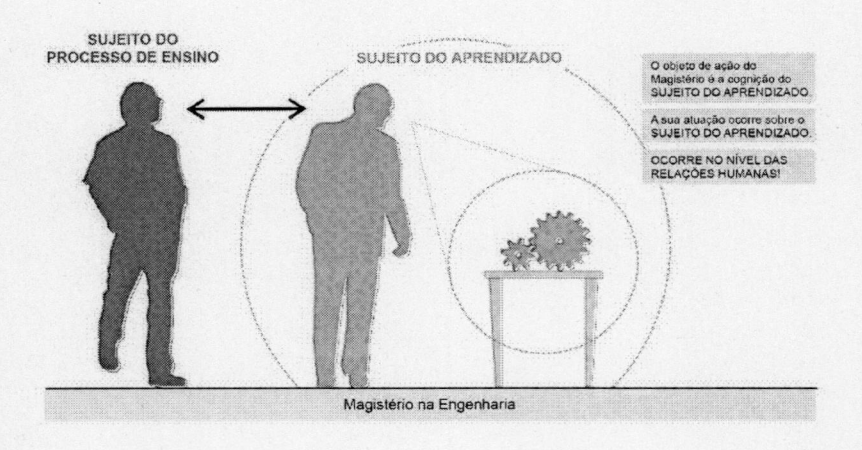

Fonte: o autor

---

[38] Cuidando de estudar um **Objeto do Aprendizado**, inanimado, da ordem de grandeza do ser humano.

Embora o objeto do aprendizado do estudante (a máquina) seja plenamente tratável pelo paradigma cartesiano, o objeto de trabalho do professor[39], infelizmente, não é diretamente aquela máquina. O seu objeto de trabalho é **a cognição** do estudante[40], e a atividade do professor/engenheiro, ao invés de se situar no âmbito das Ciências Exatas, em que se habilitou e transita com desenvoltura, está no campo das Relações Humanas e necessita ser desenvolvida com a Epistemologia Sistêmica.

É aí que reside o paradoxo: o ensino da Engenharia, que deveria ser fundamentado no Pensamento Sistêmico, tem sido exercido, e apoiado, no paradigma cartesiano-mecanicista!

Por força de sua formação, o engenheiro, que tem pleno êxito no seu exercício profissional (Engenharia!), adotando o paradigma cartesiano em suas obras, tende a incorporá-lo por firme condicionamento, de forma intuitiva e inconsciente, em tudo o que faz, inclusive na sua atividade docente. As metáforas criadas por engenheiros, quando se dedicam à docência e *à* cognição, evidenciam muito bem essa ideia: "o ensino é como uma construção de um prédio, que tem que começar por bases sólidas, erguer-se em estruturas até o êxito da sua conclusão final"; "A mente é como uma memória de computador limpa, em que cabe ao professor promover o preenchimento com as informações desejáveis"; "a formação do engenheiro seria semelhante à construção de um prédio: alicerce, estrutura, alvenaria, acabamento etc.".

Infelizmente para esse profissional, um dos objetos mais complexos que existem é a cognição humana. Nosso processo mental, e cognitivo, não é formado por "caixinhas", como "gostaria" um adepto contumaz de René Descartes. Diversos são os fatores que influenciam o processo de aprendizado: os estímulos, as emoções, as relações interpessoais envolvidas, as relações entre as diversas "coisas" que se aprende e já se aprendeu, os conhecimentos pregressos, as relações entre o que se aprende e sua importância para a vida, e, fundamentalmente, aspectos relacionados à autoestima.

Como o professor/engenheiro, em geral, não consegue tomar consciência de que está lidando é com a cognição dos estudantes; e que seu papel é desenvolver estratégias, segundo as quais os próprios estudantes consigam desenvolver o seu próprio conhecimento; ele entende, ingenuamente, que

---

[39] Engenheiro, que, "professando fielmente a crença cartesiana-mecanicista", se sentiria muito confortável lidando com a máquina.

[40] O **desenvolvimento do conhecimento** do estudante sobre o que está no círculo menor.

o seu verdadeiro papel é demonstrar o seu saber sobre o que os estudantes deveriam aprender.

Assim, suas aulas tornam-se narrativas sobre a sua sapiência, seu conhecimento do assunto, ilustradas com textos e desenhos no quadro. Às vezes, ele até procura "promover aulas mais agradáveis" e inclui *slides* "muito interessantes e motivadores". Ledo engano! A aula torna-se é muito mais enfadonha, para sua tristeza e desconsolo. É comum ouvir-se, em salas de professores, lamentações do tipo: "Os alunos atualmente não querem nada mesmo! Vocês acreditam que tive um trabalho imenso e preparei uma aula maravilhosa! Um *'power point'* muito elaborado, dinâmico e muito ilustrado. No entanto, a maioria dos alunos demonstrou total desinteresse, não interagiu e muitos até dormiram".

A Questão Sujeito-Objeto, então, em geral, passa muito longe das salas de aulas dos cursos de Engenharia, nos quais as interações afetivo-emocionais, entre os agentes do processo educacional, não são consideradas como premissa e, portanto, não fazem parte das práticas[41].

Infelizmente, a rigidez da própria estrutura organizacional e administrativa das escolas de Engenharia, já concebida segundo o reducionismo cartesiano, aprisiona e impede a emergência de concepções educacionais avançadas, que venham responder em tempo hábil e ágil às intrincadas demandas dos tempos atuais. É comum constatar-se no ambiente acadêmico da Engenharia, ideais de implantação de padrões e normas, para os docentes seguirem em seu processo didático[42].

De uma maneira geral, além de uma estrutura departamental, fundamentada em conceitos cartesianos, as Instituições de Ensino Superior (IES) funcionam de uma forma em que imperam: baixa eficiência administrativa, boa dose de inércia para mudanças e gestões fortemente contaminadas por processos políticos inadequados. Em contraposição, as entidades que compõem o mercado de trabalho, por imposições das condições de sobrevivência, apresentam características, das quais se destacam: estruturas organizacionais ágeis; dinamismo na atuação e na capacidade de adaptação e sistemas de gestão racionais e eficientes.

Tais diferenças, contundentes, tornam inevitáveis que a preparação adequada de um engenheiro lhe propicie, de alguma forma, um conheci-

---

[41] Aliás, é comum ouvir-se de professores de Engenharia: "Minha função aqui é apenas ministrar aulas. Não sou amigo de alunos, nem psicólogo!". Ou: "Minha função aqui é apenas passar meu conhecimento!"

[42] Como seguir normas, se cada turma é única e cada momento especial?

mento real do ambiente onde irá atuar, durante seu período de formação, com o intuito de permitir-lhe conhecer, de fato, seu ambiente de trabalho e, ao mesmo tempo, amenizar a transição pela qual terá que passar ao final de seu processo de formação. Há características, referentes ao ambiente empresarial, que a Academia é incapaz de reproduzir, ou assumir.

Como as IES conseguirão, por exemplo, desenvolver em seus engenheiros posturas de:

- agilidade e capacidade de adaptação, através de currículos estanques;
- espírito de equipe; com exercícios didático-pedagógicos centrados no individualismo;[43]
- eficiência e comprometimento profissionais, em ambientes organizacionalmente mal estruturados, nos quais muitas vezes impera o informalismo e a inexistência de políticas claras de gestão.

A curiosidade, frente ao mundo em que vive e aos fenômenos que o cercam, estimulam o ser humano a procurar desvendar as razões do que acontece à sua volta, com o intuito de entender, explicar e a conhecer a Natureza. Esse seria, em termos simplistas, o objeto da Ciência: A busca pelo conhecimento[44]! Poder-se-ia dizer que o que move a Ciência é a curiosidade.

O termo "técnica", do qual deriva a palavra "tecnologia", tem sua origem no vocábulo grego *téhcne*, que significa arte de fazer, ou habilidade (saber fazer). O objetivo da tecnologia seria então: obter resultado útil! E o que moveria alguém que se dedica à tecnologia é o pragmatismo.

Ora, se a tecnologia representa utilidade, vale dinheiro! Quem sabe fazer algo útil, diferente, resolver algum tipo de problema[45] não vai sair altruisticamente ensinando para todo mundo como fazê-lo. Ao contrário: vai procurar interessados, para vender-lhes as soluções[46]!

---

[43] Quando a autonomia individual docente é considerada um valor tradicional virtualmente "inquestionável".

[44] A ciência é validada a partir da divulgação das novas "descobertas" para que a comunidade procure refutá-la. Não havendo quem o consiga, o conhecimento, amplamente difundido, passa a ser reconhecido. O exercício científico exige, então, uma série de posturas do autor, para os procedimentos práticos e, em especial, a produção de trabalhos escritos a serem divulgados. Há toda uma série de regras a adotar: estruturas dos documentos, procedimentos, linguagens, formatações, citações etc. Como a lógica da validação da Ciência é a da exposição à contestação, tais exigências se justificam, para propiciar o perfeito entendimento dos conteúdos, pelos pares.

[45] Criar um produto, saber: melhorar uma produção, modificar um ambiente organizar atividades humanas etc.

[46] E o comportamento esperado para quem criou alguma tecnologia é antagônica à do cientista: é a discrição e o segredo.

Portanto, tecnologia é negócio e, consequentemente, está inerentemente associada ao mundo dos negócios!!![47] Logo o "processo de formação" de um engenheiro precisa envolver efetivamente uma vivência real do estudante naquele ambiente[48], que precisa ser muito mais longa e consistente do que os precários estágios tradicionais[49].

Um aspecto que tem sido muito responsável por um desvirtuamento da formação de engenheiros é o fato de que os órgãos governamentais, que cuidam da gestão e do controle da oferta e da qualidade dos cursos de graduação nacionais, estão fortemente centrados na lógica da Ciência[50]. Isso os têm levado a induzir a uma excessiva valorização das titulações acadêmicas *strictu sensu*[51] para as carreiras docentes e, por via de consequência, para as práticas didático-pedagógicas[52] de caráter técnico. A titulação acadêmica passou a ser uma exigência para o ingresso na carreira docente[53]. A experiência prática no exercício da Engenharia, em geral, de nada vale para o ingresso e o progresso na carreira docente, o que é um verdadeiro disparate!

Essa conjuntura tem levado os docentes a cobrarem dos futuros engenheiros, em seus trabalhos escolares, a utilização das práticas científicas (linguagens, formatações, citações e coisas do gênero), apesar de que esta não seja uma prática corrente, nem necessária e muitas vezes indesejável (junto aos executivos) no exercício da Engenharia[54]. Esae desvirtuamento tem alcançado um tal nível, que é muito comum que cursos de Engenharia transformem os

---

[47] Quem seria o ingênuo, que transformaria o resultado do seu desenvolvimento tecnológico em um artigo científico? Para ser amplamente divulgado em congressos e/ou em revistas científicas de circulação ampla nacional e internacional? Pelo contrário: segredo, guardado a sete chaves! O máximo que se faz é o registro de propriedade, patente!

[48] O que propiciaria inclusive o aprendizado de posturas que a Academia não lhe prepara.

[49] A esse respeito, fala-se muito em integração Universidade-Empresa. No entanto, entendemos que a utilização do termo integração representa uma enorme infelicidade, pois suscita uma ideia de "fusão" em um *continuum*, o que absolutamente não é desejável, nem salutar e, mesmo, inviável, dadas as enormes diferenças entre as respectivas características. O que propomos é uma estreita interação (articulação) Universidade-Empresa, na qual as entidades, mantendo suas identidades, cooperem em processos profícuos e complementares, na formação de engenheiros.

[50] Cabe salientar que há graduações voltadas à formação de caráter estritamente científico e outras de caráter eminentemente técnico, como são os casos da Medicina e da Engenharia. Reflita sobre a diferenciação feita entre Ciência e Técnica. Engenheiros são contratados primordialmente para resolver problemas e não explicar suas causas.

[51] Título de Mestre é obrigatório. Doutor, desejável. Produção Científica (elaboração frequente e publicação de artigos científicos) imperativa!

[52] Não discutimos a validade de tais exigências para cursos de cunho eminentemente científicos, como são os casos da Física, Ciências Biológicas, Matemática etc.

[53] Como se os mestrados e doutorados, de cunhos científicos, em geral preparassem para o exercício do magistério...

[54] De fato, algum engenheiro pode até vir a necessitar produzir um artigo científico. Logo, seria bom saber elaborá-los. Mas sem exageros.

Trabalhos de Conclusão de curso[55] num arremedo de Monografia[56], defendida pelo formando perante uma banca. E, pasmem! Considera-se isso, frequentemente, como sendo um avanço significativo e um indicador de qualidade[57]

Algumas iniciativas mais audaciosas no sentido de mudar o cenário do ensino da Engenharia nacional já ocorrem. Porém, arriscamos a afirmar que, embora realizadas com dedicação, muito arrojo e relativo sucesso, ainda estão "contaminadas" pelo condicionamento cartesiano-mecanicista, seja pelo fato de que seus líderes ainda não lograram transcender totalmente as fronteiras desse paradigma, seja pelas dificuldades impostas pelas condições existentes nas instituições onde foram executadas.

Infelizmente, a maioria não aborda as aludidas questões paradigmáticas. Recorrem a mudanças instrumentais, alterações do foco do processo de aprendizado, reformas curriculares e intensificação da utilização de tecnologias no processo de ensino.

Contudo, a realização de algum processo coletivo, que envolva conversações, reflexões profundas e a preparação do corpo docente, sobre novos fundamentos epistemológicos adequados ao ensino da engenharia, para, a partir de então, pensar-se em soluções que, de fato, provoquem transformações efetivas, desconheço.

Conforme exposto, o ensino da Engenharia nacional vive uma crise profunda, que clama por providências urgentes a ser enfrentada de forma decidida, comprometida e humilde pela Academia da área[58] e que deveria se iniciar pela busca da identificação clara das suas causas paradigmáticas. Para isso, seria desejável contar com o apoio de visões externas à área (filósofos, epistemólogos, psicopedagogos etc.), para aclarar visões e romper vícios. Como o verdadeiro calcanhar de Aquiles, de qualquer mudança paradigmática efetiva em processos de ensino, reside na viabilização da adesão dos professores à nova proposta, as providências devem resultar, além do novo Programa de Formação em Engenharia[59], na criação de programas de preparação de docentes: prévia (ao ingresso) e sistemática (durante o

---

[55] Momento em que o engenheirando deveria comprovar seu preparo para o exercício da Engenharia!

[56] Ou Dissertação de Mestrado – trabalhos com características absolutamente acadêmicas!

[57] Ao contrário, o que deveria ser exigido é um projeto, voltado a solucionar um problema real (demandado por alguma entidade atuante no mercado de trabalho) apresentado em formatos correntes praticados na Engenharia. O Curso de Engenharia de Energia da PUC Minas adotou esta prática, apesar de ter enfrentado estranhamentos internos, por isto...

[58] Infelizmente, nós engenheiros devemos confessar que há, em nosso meio, uma arrogância e uma prepotência no sentido de acharmos que somos capazes de resolver qualquer problema...

[59] Observe-se mais uma vez que não nos referirmos a Curso.

período de exercício no magistério). Do contrário, tudo não passará de uma profissão de fé, de bem-intencionados. Afinal, condicionamentos são virtualmente insuperáveis, sem a adoção de ações destinadas a enfrentá-los.

4

A EXPERIÊNCIA – CURSO DE ENGENHARIA DE ENERGIA

4.1 HISTÓRICO DA CRIAÇÃO DO CURSO

Cumpri[60] minha graduação em Engenharia Elétrica no início da década de 1970, na Universidade Federal de Minas Gerais (UFMG) e, paralelamente, fui professor de Física em colégios de prestígio em Belo Horizonte. Ali iniciava uma trajetória no magistério, que construí ao longo da vida. Depois de me formar em 1974, iniciei um mestrado em Ciências e Técnicas Nucleares. Concluídos os créditos, comecei a trabalhar na Nuclebrás[61], e, pouco depois, passei a dar aulas simultaneamente, à noite, nas Engenharias da PUC Minas. Mesmo mudando de emprego em seguida, indo integrar uma equipe que daria o suporte técnico-científico para a formulação de diretrizes para uma política ambiental do estado[62], permaneci na PUC Minas, o que perdurou até 2019.

O exercício do magistério na Engenharia aguçou em mim um profundo desconforto com a percepção cada vez mais clara de o quanto os cursos de Engenharia eram tão desagradáveis e insípidos. Fazia-me relembrar quão enfadonha foi a minha graduação. Só consegui tolerá-la, porque, em paralelo, minhas atividades de magistério em colégios, nas quais promovia experimentos muito interessantes de metodologias de ensino, compensavam[63] o desgosto que meu curso me causava.

Dediquei-me, então, no início da década de 1990, a estudar epistemologia, o que, depois de alguns anos, levou-me a entender que o problema que me afligia, em relação aos estudos ambientais e ao ensino da Engenharia, tinha uma mesma gênese: o paradigma que sustenta a Ciência Clássica. Eles

---

[60] Professor Otávio.

[61] Empresas Nucleares Brasileiras, no auge do Acordo Nuclear Brasil-Alemanha.

[62] Iniciava-se a atuação formal do estado de Minas Gerais no exercício de uma política ambiental. Os trabalhos naquela área, emergente na época, passaram a me deixar profundamente confuso, perplexo e incomodado, pois os ditos estudos ambientais me pareciam verdadeiras "colchas de retalhos", nos quais nada se casava com nada.

[63] E até "lustravam meu ego".

sofriam de um mesmo mal: era a fragmentação em áreas, que impedia a realização dos desejados estudos integrados e promovia um "esgarçamento" nos currículos de Engenharia, tornando-os virtualmente sem sentido e, portanto, tão desagradáveis. Ao mesmo tempo que entendi que a razão residia no paradigma cartesiano-mecanicista, descobri que emergia, no âmbito da comunidade científica, o Pensamento Sistêmico, uma nova epistemologia, voltada a superar tais dificuldades. Ufa!!!

Naquela época, surgiam entre meus colegas docentes, algumas manifestações de insatisfações com os métodos correntemente adotados no magistério na Engenharia. Mesmo que não se levem em conta as questões destacadas nos Capítulos 2 e 3, não é difícil perceber que as transformações ocorridas na sociedade, principalmente a partir da última metade do século XX, com profundas alterações dos aspectos comportamentais, afetaram de forma progressiva a cultura dos jovens, criando um acelerado sentimento de descontentamento com as salas de aulas convencionais.

Instigado pelo incômodo que invadia meu íntimo em relação ao ensino clássico de Engenharia, consegui, no início da década de 2000, encontrar, no contexto de meu trabalho acadêmico, adeptos para criarmos um movimento de reflexões e debates, centrado na ideia de se promoverem profundas mudanças no ensino de Engenharia, o que culminou num denso e profícuo processo de elaboração do Projeto Pedagógico de um curso de Engenharia de Energia. Logo no início daquele movimento, já ficara claro que deveríamos procurar criar um curso, que representasse uma "experiência", onde mudanças radicais nos paradigmas convencionais do ensino fossem implementadas e que servissem de referência, para uma positiva disseminação de inovações, para o avanço do ensino da Engenharia no País.

Entendendo que o paradigma cartesiano-mecanicista, que embasa o processo de ensino tradicional de Engenharia, estava rigorosamente cristalizado nos cursos existentes, chegou-se à conclusão de que seria impossível implantar transformações em algum dos cursos já existentes[64]. Percebeu-se, ainda, que os vícios do ensino tradicional inviabilizariam modificações profundas no processo de ensino, mesmo pensando-se na implantação de um novo curso na instituição, de uma modalidade já consolidada na Academia. Consciente disso, o grupo concluiu que as transformações pretendidas deveriam vir associadas à criação de uma nova modalidade de Engenharia.

---

[64] Como metáfora, falava-se da ideia de que a reforma de um prédio deveria respeitar minimamente sua estrutura. Portanto, não haveria como mudar-se radicalmente o paradigma balizador de um curso pré-existente.

Ora, só faria sentido criar uma modalidade se ela viesse atender às necessidades que fossem crescentemente emergentes no âmbito da sociedade contemporânea. Ou seja, deveria estar voltada para o futuro! Por outro lado, por questão de coerência, em contraposição à tendência cartesiana de fragmentação das modalidades de Engenharia, dever-se-ia procurar criar uma modalidade que representasse uma união de aspectos, cujas abordagens estivessem fragmentadas em modalidades tradicionais distintas. O tema, que caracterizaria a nova proposta, portanto, deveria exigir uma abordagem abrangente e integradora. Daí, eleger-se a Engenharia de Energia[65] como a modalidade ideal para a empreitada, foi como que uma passagem automática.

Sensibilizado com as ideias propostas, o Magnífico Reitor da Universidade, a partir de sondagens externas, em que recebeu sinalizações favoráveis, desencadeou ações internas no sentido de dar o início efetivo do detalhamento do projeto para a implantação do novo curso.

Por acreditar na importância da construção coletiva, em concordância com o Pensamento Sistêmico, todo o encaminhamento da elaboração do Projeto Pedagógico envolveu um número significativo de processos conversacionais: encontros, *workshops* e seminários etc., que, contando com uma vastíssima participação de colaboradores[66], propiciou uma emergência[67] riquíssima de ideias, a partir do que foram sistematizadas as diretrizes que caracterizam a concepção do Projeto Pedagógico do curso de Engenharia de Energia. Surgia ali um paradigma totalmente diferente de ensino de Engenharia.

4.2 O CURSO-CONCEITO

É comum, na indústria automobilística, a adoção da estratégia de desenvolvimento de novos automóveis baseada na criação do chamado "carro-conceito", que nada mais é do que o resultado do desenvolvimento

---

[65] Destaque-se que a difusão de implantação de graduações em Engenharia de Energia data deste milênio e que grande parte das questões relativas à energia são tratadas na área de combustíveis, da Engenharia Química, outra na de sistemas termo-fluido-dinâmicos, da Engenharia Mecânica, outra na área de sistemas elétricos de potência, da Engenharia Elétrica etc.

[66] Colaboradores internos à Instituição, de variadas áreas do conhecimento, além da Engenharia, destacando-se Pedagogia, Psicopedagogia, Letras, Filosofia etc., e externos à Universidade, da área de ensino da Engenharia, do meio empresarial, do Sistema Confea/Crea etc.

[67] Ressalte-se que uma das características da dinâmica dos sistemas complexos é que propicia a emergência de propriedades a partir da interação entre seus elementos. Portanto, quando os processos de conversação são realizados de forma adequada, podem emergir ideias mais ricas do que seus integrantes são capazes de imaginar individualmente. A esse respeito, ler o artigo "Uma prática lúdica para evidenciar diferenças entre as metodologias de trabalho coletivo", de Avelar Esteves e Natali.

de um projeto arrojado e ambicioso de um veículo, que materializasse uma visão futurística em que se incorporassem "sonhos" estéticos e tecnológicos. Tal "carro-conceito", quando concebido, passa a se constituir num modelo que demonstra uma tendência de veículos da empresa, vista daquela época.

No entanto, muitos dos sonhos incorporados no "carro-conceito" ainda não estão suficientemente amadurecidos tecnologicamente e ajustados às condições de mercado para serem implementados de imediato na indústria. Assim, com base nesse modelo tomado como ideal, equipes de projeto da indústria passam, posteriormente, à tarefa de adaptar as características, propostas para o "carro-conceito", às condições de: racionalização de custos de produção, aceitação das inovações pelo mercado da época e de factibilidade construtiva. Surgem, aí, os "veículos de série" que, incorporando o máximo razoável de avanços tecnológicos, em relação aos veículos até então em circulação, serão colocados à venda pela indústria. Assim, depois de exercícios de futurologia, em que não se levam em conta possíveis limites contingenciais, procura-se estabelecer o que é possível e razoável avançar do estágio atual, no sentido do tal sonho colocado na "linha do horizonte".

Trata-se de uma estratégia inteligente, por tirar o foco do que é até então feito, evitando-se que a inércia possa prevalecer no processo de desenvolvimento e colocar, em seu lugar, a meta em um futuro imaginário. Certo de que havia a necessidade de se empreender transformações radicais no processo de ensino da Engenharia e que a inércia representada pela prática tradicional era imensa, o grupo que conduziu o processo de criação do novo curso, entendeu que, para poder realmente ousar, seria interessante se espelhar no processo criativo da indústria automobilística, partindo-se para a criação de um "curso-conceito".

Assim, com base nas ideias que emergiram das conversações até então realizadas, partiu-se para a definição de alguns princípios, dos quais se destacam:

- O processo cognitivo está diretamente relacionado à necessidade, ou vontade, de aprender. Portanto, as práticas de "ensino" [68] devem se iniciar por despertar nos estudantes interesses, necessidades e/ou curiosidades sobre o que é desejável que seja aprendido;
- A liberdade intelectual e a flexibilidade do processo formativo são determinantes no processo cognitivo;

---

[68] O termo **ensino** é aqui colocado entre aspas, porque ele, em geral, sugere instrução (interação instrutiva), o que, segundo você verá no Capítulo 5, é algo impossível. O que o professor pode fazer é criar ambientes e condições em que o aprendizado aconteça.

- O processo de "ensino" deve estar centrado no estudante e não no protagonismo do papel do professor. A postura do docente deve se ater: à proposição de desafios cujo enfrentamento propicie o aprendizado, ao acolhimento, ao fornecimento de estímulos e orientações, ao aconselhamento e à prestação de "consultorias";
- O processo deve "desfragmentar" os conteúdos artificialmente desarticulados nos currículos dos cursos clássicos de Engenharia;
- Como a atividade que melhor caracteriza a profissão de Engenharia pode ser considerada a arte de **projetar soluções**, o "ensino" deve estar centrado no **desenvolvimento de projetos**.

Depois de muita conversa acerca do assunto, chegou-se à concepção do curso- conceito, em que o processo pedagógico do projeto da Engenharia de Energia basear-se-ia. A ideia proposta pode ser apresentada por uma concepção arquitetônica. A escola funcionaria num conjunto de dois prédios circulares, concêntricos.

4.2.1 Unidade de Projetos

Trata-se da Unidade Central do curso, que funciona em um grande galpão redondo, equipado com várias mesas circulares, para trabalhos conjuntos e conversações, estações de trabalho, espaços para trabalhos individuais e instrumentais diversos laboratoriais.

O cerne do curso consiste no desenvolvimento de projetos[69] de Engenharia, individualmente e/ou em equipes, dependendo das suas características, realizados no ambiente do galpão e são tais que demandem, no seu todo, o conjunto de conhecimentos exigidos para a formação de um engenheiro. Os projetos são propostos pelos próprios estudantes, em função de seus interesses particulares, atendendo a condições gerais preestabelecidas[70].

No galpão de projetos há sempre a presença de vários docentes – orientadores – que, em conjunto, detenham um amplo conhecimento da modalidade da Engenharia e cujo papel é o de sempre questionar os estudantes sobre a melhor forma de desenvolver e/ou enfrentar os

---

[69] Um projeto, ou uma série deles, subsequentes.

[70] Quando o estudante estiver com seus conhecimentos já bem amadurecidos e bem próximo de ser considerado pronto para o exercício pleno da profissão, deve desenvolver individualmente um projeto, voltado a solucionar um problema de alguma entidade atuante no Mercado, e deve incluir nele todos os procedimentos exigidos num projeto executivo da Engenharia.

diversos aspectos de seu projeto, instalando neles a necessidade de se valerem de conhecimentos das áreas de seu currículo, ou da realização de algum experimento prático, para que alcancem o êxito do seu projeto. Não cabe ao orientador sinalizar procedimentos a serem seguidos, nem predizer impossibilidades existentes nos caminhos eleitos pelos próprios estudantes. A função do orientador é sempre a de estabelecer desafios e induzir as necessidades de dedicar-se a reflexões para a obtenção de meios para solucioná-los.

4.2.2 Estúdios das Consultorias Especializadas

Um pouco afastado desse galpão existe um conjunto de salas distribuídas em uma construção estruturada em anel, com portas voltadas para o centro. Tais ambientes são ocupadas por docentes, detentores dos conhecimentos que cobrem o espectro mínimo dos conteúdos do currículo do curso. Ao sentir a necessidade de dominar certo conteúdo, para dar seguimento ao seu projeto, e com isso conseguir superar os desafios que lhe são colocados, o estudante se dirige ao estúdio correspondente, onde o respectivo professor o orienta sobre a melhor forma de adquirir aquele conhecimento. Cada um daqueles docentes tem o acesso a um dossiê individual dos estudantes, no qual registra os contatos realizados e uma avaliação global[71], e gradativa, do seu nível de conhecimentos da matéria, assim como os de suas posturas, habilidades e competências. O estudante pode retornar quantas vezes precisar ou quiser à sala de cada professor. Da mesma forma, os docentes que atuam no galpão procedem a avaliações sistemáticas sobre os mesmos aspectos, relativos a cada estudante[72] e os registram. Quando as posturas, o nível de conhecimento, as habilidades e competências de um estudante alcançam um "limiar" mínimo, ele faz jus ao seu diploma.

A definição do referencial "operacional" do "curso-conceito" (retro mencionado) foi decisiva, porém, um aspecto essencial para a sua consolidação plena, refere-se à epistemologia em que estaria sendo concebido. Entendeu-se que a verdadeira "revolução" do ensino teria que se dar segundo o Pensamento Sistêmico novo-paradigmático.

---

[71] Avaliação realizada com base em sua percepção, razão pela qual os contatos devem ser ricos em conversações.

[72] Avaliação em cada matéria, habilidade ou aptidão que consiga perceber e que faça parte do que é considerado desejável para a formação naquela Engenharia, e o fazem com base em sua percepção. A conjunção das várias percepções propicia o melhor de uma avaliação possível no momento.

4.3 PRINCÍPIOS PARA A ADAPTAÇÃO DO CURSO-CONCEITO À REALIDADE

O ideal é que se pudesse implementar os sonhos apresentados no curso-conceito, descrito na seção anterior, ou as ousadas ideias propostas por Avelar Esteves e Antoniazzi (2022, cap. 13).

Mas, como no caso do carro-conceito, não é bem assim que se pode agir num caso concreto e, uma vez estabelecido aquele sonho, a tarefa passa a ser cuidar da criação de um curso que incorpore a maior quantidade possível de inovações e que, ao mesmo tempo, sua concepção não confrontasse com a estrutura de cursos da Universidade que o irá abrigar, de forma a não gerar rupturas e apresentasse a mínima factibilidade. Era, portanto, fundamental que a cultura necessária a dar suporte ao curso seja viável na conjuntura interna da entidade.

No caso do curso que criaríamos, decidiu-se, inicialmente, que, embora o seu processo de ensino devesse incorporar uma alta dose de transdisciplinaridade, no aspecto formal, o seu currículo teria que estar estruturado, como os demais cursos da Universidade, ou seja, em um conjunto de "disciplinas", ofertadas semestralmente.

Para que a prática transdisciplinar fosse "minimamente" viável, o curso deveria possuir um "galpão"[73], que cumprisse o papel de uma transdisciplina, onde os estudantes, exercitando a prática da realização de projetos de seu interesse, encontrassem um "espaço" de liberdade intelectual, de motivação, de busca e de articulação de conhecimentos, de ampliação do foco de seu aprendizado etc.

Porém, o sistema acadêmico da Universidade não prevê a existência de transdisciplinas. Por isso, decidiu-se criar um componente curricular em cada período do curso, que, embora fosse classificado formalmente como disciplina, na prática representasse um espaço transdisciplinar – o "galpão"[74], denominada genericamente "Trabalho Acadêmico Integrador (TAI)". Ao mesmo tempo, a matriz curricular contemplaria, em cada período, um conjunto coerente de disciplinas "Anel", tratando dos conteúdos específicos, que dessem suporte aos projetos desenvolvidos no TAI concomitante.

---

[73] Do curso-conceito.

[74] Nos registros acadêmicos da Universidade, constava "disciplina". Porém, a prática em sala de aula é exercida como uma transdisciplina, numa sala equipada com mesas circulares, sem quadro para aulas expositivas, com estações de trabalho e outros detalhes e alguns outros detalhes que lhe aproximassem do "galpão".

Inseridos em todos os períodos do curso, os TAIs articulam os conhecimentos desenvolvidos até aquele momento, enfatizando todos os conteúdos tratados naquele semestre. O conjunto sequencial de tais componentes transdisciplinares passa a constituir, então, "uma espinha dorsal" do processo pedagógico do curso, ao redor do qual "gravitam" as demais disciplinas.

Se, porventura, algum grupo de estudantes deseje incorporar, em seu projeto, conteúdo a ser abordado posteriormente, de maneira alguma é desencorajado. Apenas não lhe é cobrado o êxito na utilização dele.

Os TAIs acabam representando, também, o espaço acadêmico onde as articulações entre prática-teoria, ensino-pesquisa-extensão e respectivas reflexões alcancem sua plenitude.

Coerentemente com as premissas estabelecidas, as atividades práticas do curso (os Trabalhos Acadêmicos Experimentais) inserem-se no âmbito dos TAIs[75]. Assim, os recursos instrumentais e laboratoriais são utilizados como meios de auxílio ao desenvolvimento dos projetos dos TAIs. Ao se inserirem plenamente no âmbito dos projetos integradores, as atividades laboratoriais deixam de ser, portanto, meramente demonstrativas, específicas de alguma disciplina em particular, desvinculadas de um conhecimento mais amplo, como tradicionalmente integram os cursos de Engenharia.

4.4 DIRETRIZES PARA A ELABORAÇÃO DO PROJETO PEDAGÓGICO

Visto que, na ocasião praticamente não existiam cursos daquela modalidade, nos quais se pudesse espelhar[76], o grupo responsável pela elaboração do projeto se viu obrigado a partir para a definição do objetivo da nova modalidade de Engenharia que estaria sendo concebida.

Nesse sentido, um curso de Engenharia de Energia tem como objetivo:

- Formar profissionais aptos a exercer as atividades referentes ao planejamento, à concepção, à análise, ao projeto, à implantação, à manutenção, à operação e à gestão de sistemas destinados ao suprimento energético e ao uso de energia em atividades socioeconômicas, de forma técnica, econômica, social e ambientalmente sustentável.

---

[75] Afinal de contas, não é o TAI que "desempenha" o papel do "Galpão"?

[76] Esta, aliás, era a intenção! O objetivo era promover mudanças radicais! Para que modelos?

O engenheiro de energia é, portanto, um "clínico geral" dos sistemas energéticos, podendo atuar em um vasto espectro de áreas, dentre as quais se podem citar:

- tecnologias de conversão energética;
- planejamento energético;
- alternativas energéticas;
- gestão de sistemas energéticos;
- economia e racionalização de energia;
- produção, distribuição e uso da energia;
- política energética;
- meio ambiente, Agenda 21, Desenvolvimento sustentável.

A partir desse referencial, das premissas e da fundamentação epistemológica, estabeleceram-se as diretrizes gerais didático-pedagógicas:

- incluir procedimentos de preparação, interação e avaliação sistemática entre docentes;
- aliar a proposição de TAIs ao ensino disciplinar;
- organizar o curso em cinco Ciclos de Amadurecimento da Formação do Estudante;
- distribuir em eixos de formação, os conteúdos componentes da matriz curricular;
- adotar a inclusão de "seminários" na organização curricular, como um mecanismo de flexibilização da formação do estudante;
- incluir orientações didático-pedagógicas, para balizar as práticas educativas e os procedimentos de avaliação do aprendizado, de acordo com as tipologias de conteúdos tratados em cada trabalho acadêmico[77];
- incorporar cuidados especiais para as transições: da vida pré-universitária para o ambiente acadêmico e deste para o mercado de trabalho;

---

[77] Zabala (1998) classifica os conteúdos de aprendizado basicamente em quatro grandes categorias: "factuais", "conceitos e princípios", "procedimentais" e "atitudinais". Cada uma cobra do estudante esforços diferentes para: o aprendizado e a demonstração de seus domínios; o que exige flexibilidade nas estratégias a adotar nos processos ensino-aprendizado.

- intensificar os exercícios de: interações entre estudantes, oratória e redação;
- conferir efetividade aos estágios profissionais e aos Trabalhos de Conclusão de curso.

Além disto, decidiu-se por incluir, no quadro de professores do curso, um docente com formação em psicopedagogia para:

- Realizar dinâmicas com as turmas, frequentes nos dois primeiros períodos, e quando necessário em todos;
- Mediar conflitos, naturais de ocorrer nos primeiros períodos, entre integrantes de uma mesma equipe de estudantes;
- Sugerir algum encaminhamento para sanar eventuais dificuldades pessoais enfrentadas por estudantes;
- Cuidar da sistemática revisão das orientações pedagógicas e colaborar na solução de dificuldades eventualmente surgidas, para o que participa de todas as reuniões do Colegiado de Coordenação do curso;
- Apoiar os docentes no que se refere às suas práticas, quando necessário.

Dois cuidados necessários ao exercício da concepção pedagógica o mais próxima possível do proposto são:

- A seleção de docentes que apresentem maior aptidão e pré-disposição[78];
- A adoção de um programa de reflexões e preparação conjunta do quadro docente, sobre o processo cognitivo.

Nesse sentido, duas funções de apoio importantes esperados deste profissional são:

- Colaborar na prática de tais cuidados;
- E, sobretudo, desenvolver, nas dinâmicas com os alunos iniciantes, um entendimento da concepção do curso, pois, eles devem passar a ser as "molas-propulsoras" da implementação da epistemologia e de sua manutenção, convidando diuturnamente os docentes a agirem o mais próximo possível do desejável.

---

[78] Atente-se para o fato de que o Curso se implanta em uma instituição tradicional, como praticamente o são todas as outras e, embora o Projeto Pedagógico preveja, não se viabilizou a contratação e a preparação prévia dos docentes.

4.5 PRINCIPAIS CARACTERÍSTICAS DO CURSO

4.5.1 Os Trabalhos Acadêmicos Integradores

Um pressuposto básico decorrente da epistemologia sistêmica novo paradigmática é que a função precípua docente é criar um contexto no qual o estudante seja instigado a refletir sobre situações, que resultem em aprendizado. O espaço privilegiado para o exercício da criação de tal contexto é a elaboração de projetos pelos estudantes. Com vistas a favorecer e enriquecer esse processo, as escolhas dos projetos, a serem desenvolvidos nos TAIs, caberão aos próprios estudantes. Assim, eles passam a ser automotivados a se dedicar à empreitada, em decorrência do desejo de alcançar as soluções, tornando-se, portanto, ávidos por descobrirem os meios de conseguirem o êxito. Um docente que se dedica ao TAI, então, atua propondo desafios, indagando sobre as formas de conseguirem alcançar o êxito e, principalmente, colocando-lhes questões que somente são superadas, no sentido do prosseguimento do projeto, se eles lançarem mão de conteúdos de disciplinas concomitantes (ou anteriores) e/ou experimentos laboratoriais que lhes deem suporte ao desenvolvimento de seu trabalho.

Dessa forma, o docente estimula o estudante a desenvolver uma postura proativa na elaboração dos projetos e, consequentemente, tornando-se o sujeito do seu próprio aprendizado. O docente evita a postura, corrente na prática do magistério, de apresentar respostas imediatas no primeiro contato, a alguma questão levantada pelo estudante ("faça assim", "assim é que se resolve", "isto não vai dar certo"), o que na verdade representa sempre muito mais uma procura de demonstração de conhecimento próprio, por parte do professor[79].

O eventual enunciado de algum caminho deve ocorrer somente quando o docente percebe que estudantes já se debateram muito com a questão e se encontram em situação de muita dificuldade para superá-las e a perspectiva de uma possível frustração pode vir a se tornar danosa, do ponto de vista emocional dos estudantes. Nessa situação, o docente inicia por arriscar uma "dica", pois, apenas ela costuma ser suficiente. Se não o for, avança um pouco mais[80]. De acordo com a epistemologia do curso, o

---

[79] É bem verdade que se trata de uma postura desenvolvida, na maioria das vezes, com boa intenção, mas que, inconscientemente, é impulsionada por um "desejo de demonstração de sabedoria e que lustra o ego".

[80] Tal postura não conflita com o princípio da indução à reflexão, uma vez que ela já está em curso, porém, em um ponto de estagnação. Segundo pedagogos, o estudante se encontra no que denominam "zona de desenvol-

docente reforça as alternativas que o estudante encontrar para os caminhos a trilhar para o desenvolvimento do seu projeto, mesmo que estas não sejam as tradicionalmente adotadas, o que se faz em respeito à autonomia do estudante e ao seu potencial criativo. Dessa maneira, o estudante é sempre o agente central do seu processo de aprendizado.

Considerando que, segundo Maturana e Varela (1995), a linguagem é o elemento constitutivo do humano e o viver humano e a construção do conhecimento se dão em conversações, as atividades no curso priorizam as conversações sobre os temas em foco, no magistério. Dessa forma, para ampliar essa possibilidade, os projetos no TAI[81] são desenvolvidos em equipes, o que propicia o amadurecimento do estudante, no que se refere às relações interpessoais, o autoconhecimento, a capacidade de expressão oral e o respeito às diferenças.

Com o intuito de socializar os conhecimentos propiciados em cada um dos projetos em desenvolvimento numa turma e ampliar ainda mais o espaço de convivência e conversação, são realizados, periodicamente durante o semestre, seminários internos ao TAI, nos quais cada equipe apresenta o estágio de evolução de seu trabalho e os demais estudantes são estimulados a questionar e apresentar contribuições sobre o trabalho apresentado. Essa prática propicia, além de permitir uma socialização dos conhecimentos de todos os alunos da turma a respeito do que envolve cada projeto, um desenvolvimento da habilidade de expressão oral, da capacidade de receber críticas aos seus trabalhos e da aptidão de exercitar uma argumentação coerente[82]. Além disto, em cada seminário interno as equipes apresentam um relatório do estágio de evolução de seu projeto, o que lhes propicia um aprendizado paulatino de organização de documentos técnicos e de redação.

Ao mesmo tempo, o TAI cumpre o papel de articular, integrar, significar e contextualizar os conhecimentos desejáveis à formação do enge-

---

vimento proximal", situação na qual, um pequeno "empurrão", facilita a transposição da barreira cognitiva em que se encontra. A intervenção, portanto, acaba por "destravar" o processo reflexivo.

[81] Do primeiro ao oitavo períodos.

[82] Ressalte-se que todos os estudantes da turma são estimulados a participarem do seminário colocando dúvidas e questões, que devam ser consideradas pela equipe que está apresentando. Para isto, obviamente, devem procurar se aprofundar no entendimento do projeto apresentado. Um estímulo a esta postura é que cada seminário é alvo de uma avaliação coletiva, decorrente do nível das conversações ocorridas (se foram ricas, ou não), independente do fato de terem obtido respostas no momento. Ao contrário do que se imagina, a equipe expositora fará jus a uma boa avaliação, caso seu projeto suscite bons questionamentos. Isto evita posturas: dos colegas, de pseudo cúmplices (por não colocarem amigos em dificuldades) e, de toda a turma, da escolha de projetos muito fáceis.

nheiro. Dessa forma, a ampliação da abordagem dos problemas favorece o desenvolvimento da preocupação com os aspectos sociais, econômicos, políticos, éticos e ambientais das atividades da Engenharia.

Para tanto, um TAI desenvolve-se:

- envolvendo processos de construção coletiva;
- privilegiando a liberdade de ação no cumprimento dos objetivos;
- articulando sequencialmente os objetivos específicos dos TAIs de cada período, de forma que, paulatinamente, venham a cumprir os objetivos gerais do seu conjunto;
- considerando a diversidade na composição de equipes de trabalho;
- fazendo prevalecer a transparência nas relações interpessoais.

Um TAI envolve um largo espectro de temas abordáveis nos respectivos projetos. Portanto, para se criar condições de uma adequada "cobertura" das áreas de conhecimento envolvidas, com vistas a ampliar o número de atores para dinamizar o contexto de conversações e ainda com o intuito expor os estudantes a "ângulos de visão" distintos, é prevista a alocação simultânea de três professores com vasta experiência em projetos e diversificada formação em áreas distintas e complementares.

Embora pareça óbvia a afirmativa, a avaliação do estudante está centrada no seu aprendizado[83], incorporando a autoavaliação e a avaliação coletiva. A concepção inclui a possibilidade de recuperação de alguma insuficiência de conhecimento demonstrada durante etapas do processo.

Partindo do pressuposto de que a vontade de superar desafios induz nos estudantes posturas proativas, a maioria dos procedimentos práticos (laboratoriais ou uso de técnicas específicas) é desenvolvida pelos próprios estudantes, fora do horário de aulas, apenas com a supervisão de técnicos da área. Como em algumas ocasiões, os estudantes demandam orientações mais substantivas sobre os procedimentos de que precisam se valer, professores especialistas nos respectivos assuntos estão disponíveis para alguns encontros com os estudantes, numa frequência menor do que ocorre com as chamadas aulas práticas dos cursos convencionais.

Um TAI representa, de forma integrada, os "trabalhos práticos" de todas as disciplinas do período, o que vale dizer que os docentes das disciplinas

---

[83] Os sistemas de avaliação convencionais no ensino da Engenharia raramente estão comprometidos de fato com tal premissa. Um esforço significativo para romper a prática tradicional é aqui preconizado.

concomitantes não cobram trabalhos práticos específicos em suas aulas. Ao contrário, procuram acompanhar os projetos em desenvolvimento e, mesmo que não recebam demandas específicas sobre conteúdos de sua matéria, eles próprios propõem desafios que identifiquem nos projetos em desenvolvimento. Por isso, parte da avaliação de cada disciplina provém da análise da adequação das aplicações de seus conteúdos no projeto elaborado no TAI e, principalmente, do aprendizado individual que essa aplicação propiciou. Tais avaliações são feitas de forma distinta para cada disciplina e individualmente para cada componente de uma equipe de TAI. Para tal, estão previstas ao final do semestre:

- conversações de cada professor (das disciplinas e do TAI), com cada equipe de projeto, com o fim de se avaliar os aprendizados individuais;
- autoavaliações (coletivas e individuais) em cada equipe;
- um Conselho de Classe, congregando os professores do período, onde se busca um consenso em relação à avaliação de cada estudante, em cada disciplina.

Um TAI, que tem como uma função principal a articulação de conhecimentos, além de vários outros papéis formativos, do ponto de vista da formação em Engenharia, cumpre uma função primordial de propiciar ao estudante adquirir as habilidades e competências básicas para exercer a atividade que melhor caracteriza a profissão: **projetar**. Portanto, entendeu-se ser fundamental que as práticas educativas dos TAIs devem desenvolver no estudante, ao longo do curso, as ideias fundamentais de projeto e da ciência dos processos. Para tanto, devem propiciar a evolução do conhecimento em quatro vertentes:

- **Fundamentos de projetos**: desenvolvem a natureza fundamental da abstração, como ferramenta para a Engenharia. O projeto inclui a descrição do problema, a organização dos recursos, a síntese de ideias, a construção, o teste e a avaliação; passos necessários para se construir tanto um veículo, como um plano de saúde ou um programa para organização da justiça social;
- **Fundamentos de processos**: desenvolvem as técnicas de acompanhamento e gerenciamento de processos. O entendimento dos processos, por abordar as relações causais das transformações, possibilita a proposição dos métodos necessários para a execução de uma determinada tarefa, sejam mecânicos, elétricos, químicos, sociais, políticos ou de outra natureza qualquer;

- **Fundamentos de sistemas**: desenvolvem a filosofia da integração dos sistemas, com ênfase na inter-relação entre ferramentas e técnicas das diversas disciplinas. As habilidades e conhecimentos das Engenharias clássicas, como análise, experimentação e síntese são consideradas ferramentas básicas de projeto. Ferramentas automatizadas deverão se tornar parte importante do ensino no âmbito dos TAIs;
- **Fundamentos de "mensuração"**: desenvolvem os conceitos de medição, essenciais em Engenharia, e de garantia da qualidade.

A epistemologia que fundamenta o curso atribui ao respectivo docente um papel nobre, porém, não trivial de se exercer. Aliás, o pensamento cartesiano ainda impera na sociedade ocidental contemporânea, em particular no ensino da Engenharia clássica. Como a maioria dos professores do curso é constituída de engenheiros, cuidado especial é utilizado na composição do quadro docente, no que diz respeito às crenças, aos valores e às posturas dos que são escolhidos para compor a equipe, em especial no que se refere ao TAI. Assim, espera-se dele, os seguintes predicados:

- aceitação do Pensamento Sistêmico como o paradigma ideal para nortear suas ações;
- comprometimento com o Projeto Pedagógico do curso e zelo com o seu cumprimento;
- vasta experiência profissional e conhecimento amplo das áreas de energia;
- valorização da criatividade do estudante;
- preocupação diuturna com a inovação e o planejamento de suas ações pedagógicas;
- flexibilidade para adaptação a situações novas;
- reconhecimento de suas próprias limitações;
- capacidade de trabalhar em prol do crescimento coletivo;
- saber escutar;
- boa habilidade em comunicação.

Para propiciar encontros das equipes de estudantes, em cuja composição haja algum estudante que não possa comparecer à Universidade em outros turnos, e mesmo para que estes possam viabilizar a realização de atividades práticas, o horário do curso é sempre elaborado contendo em todos os períodos (do primeiro ao oitavo) duas "janelas" (horários sem aulas) semanais de duas aulas cada. Tais "janelas" são sempre inseridas intercaladas por outras aulas, para induzir o estudante a estar na Universidade nesse horário. Com a intenção de favorecer a realização de outras atividades de interesse de todos os estudantes do curso (palestras, reuniões, assembleias de estudantes etc.), uma dessas "janelas" é coincidente para todos os períodos.

Fotografia 2 – Uma aula de Trabalho Acadêmico Integrador

Fonte: o autor

4.6 CICLOS DE AMADURECIMENTO DA FORMAÇÃO DO ESTUDANTE

A formação, em nível de graduação, pressupõe um processo de evolução do desenvolvimento de posturas, habilidades e competências, que demandam uma gradação do processo formativo, aspecto importantíssimo, em especial, se considerarmos que a graduação, em geral, se dá numa etapa da vida que se caracteriza pela transição da pós-adolescência para a fase adulta. Portanto, uma fase de amadurecimento do indivíduo.

Nesse sentido, procurou-se estruturar o currículo do curso em cinco grandes Ciclos de Amadurecimento da Formação do Estudante (de dois períodos cada), de forma a estabelecer um referencial para orientar o processo educativo, tanto no que diz respeito às próprias práticas educativas, como aos aspectos atitudinais e à gradação dos conteúdos. Apresentam-se a seguir descrições gerais sobre cada um desses ciclos.

4.6.1 Primeiro Ciclo – Formação do Sujeito Universitário

O primeiro Ciclo, considerado crítico, por representar a transição do Ensino Médio para a Universidade[84], apresenta um caráter propedêutico, voltado para:

- o entendimento do que é ser universitário;
- o conhecimento dos Propósitos e Epistemologia do curso;
- o entendimento claro dos conceitos de Ciência e Tecnologia e suas relações na atualidade;
- o entendimento claro do que é a Engenharia;
- a introdução ao método científico;
- a consolidação (desenvolvimento) da habilidade de leitura geral e técnico-científica;
- o desenvolvimento da iniciativa e da proatividade;
- o encorajamento a posturas criativas;
- o desenvolvimento do espírito crítico;
- a diversificação (generalista) das linguagens: idiomas, ferramentas computacionais básicas, descrições científicas dos fenômenos etc.;
- o aprendizado da formulação de perguntas e da busca de respostas;
- o desenvolvimento do pensamento lógico-dedutivo;
- o desenvolvimento de autonomia intelectual.

Como o ciclo enfatiza aspectos atitudinais, os TAIs envolverão, necessariamente, a construção de protótipos, para evitar que a abstração, relativa a um trabalho meramente teórico, constitua-se num dificultador das reflexões que essa ênfase exige.

Dado o caráter desse ciclo, inserem-se no elenco das disciplinas concomitantes ao TAI, duas disciplinas "Filosofia", uma em cada período, que são exploradas pelos docentes do projeto, nas reflexões que induzem nos estudantes.

Nesse ciclo, absolutamente não se considera na avaliação, algum eventual "fracasso", no atingimento das metas inicialmente propostas. Ela se restringe à verificação: do aprendizado propiciado pelo trabalho, dos efeitos positivos das dinâmicas relacionais ocorridas e da capacidade de indicação

---

[84] Representa um "Ritual de Passagem".

de possíveis encaminhamentos para correções de "rota", para o atingimento de um "sucesso", caso se dispusesse de mais tempo para o trabalho.

4.6.2 Segundo Ciclo – Fundamentos das Transformações Energéticas

Nesse ciclo, dá-se ênfase à conceituação da importância da energia para a sociedade e às alternativas de suprimento energético existentes. O TAI tem como objeto de estudos o atendimento energético de uma situação-problema, identificada em uma região (real, ou hipotética), genericamente denominada ilha. Tem como objetivos:

- desenvolvimento da habilidade de identificação de problemas;
- capacidade de identificação de alternativas de suprimento energético;
- conhecimento científico que dá suporte teórico aos aspectos tecnológicos das alternativas possíveis de suprimento energético.

4.6.3 Terceiro Ciclo – Sistemas de Suprimento Energético

A essa altura, a ênfase é dada ao projeto em Engenharia, à visão sistêmica e às análises de viabilidade técnica das propostas desenvolvidas no ciclo anterior. O TAI envolve:

- projetos de sistemas energéticos, incluindo complementaridade tecnológica, sazonal e regional, com ênfase na integração;
- ênfase em avaliações sistêmicas.

4.6.4 Quarto Ciclo – A Inserção da Engenharia na Sociedade

Embora desde o início do curso os estudantes já procurem desenvolver seus projetos envolvendo preocupações que extrapolem os aspectos meramente técnicos, nesse ciclo, eles são induzidos a contextualizar o seu, por meio de avaliações de suas implicações sociais, econômicas, políticas, confessionais[85] e ambientais. O TAI envolve então:

---

[85] Por se tratar de uma entidade católica, a oferta de disciplinas "Cultura Religiosa" é obrigatória: sétimo e oitavo períodos.

- ajustes técnicos dos projetos, com vistas a resolver possíveis inadequações decorrentes das avaliações feitas, relativas aos novos "olhares" induzidos.

Para tanto, são ofertadas, concomitantemente, fundamentos técnico-científicos consistentes, que lhes deem suporte, de que, antes não dispunham, para subsidiá-los nas ditas avaliações.

4.6.5 Quinto Ciclo – Consolidação da Formação Profissional

Uma vez desenvolvidos os ciclos anteriores, passa-se ao ciclo em que o foco é a prática profissional. Nesse instante, insere-se o Trabalho de Conclusão de Curso (TCC), e os conteúdos passam a ser aqueles mais voltados ao exercício profissional e à prática da Engenharia.

Esse último ciclo representa o "ritual de passagem" da vida universitária para vida profissional, momento em que o estudante reduz gradativamente seu vínculo com a Universidade e inicia uma vivência paulatina do ambiente do mercado de trabalho da Engenharia, tornando menos traumático o corte do "cordão umbilical". Nesse momento, é que estão inseridos dois estágios obrigatórios subsequentes, um para cada período. O TCC é desenvolvido em duas etapas, TAI IX e TAI X, de forma individual e constitui-se num projeto de solução de algum problema energético, detectado no ambiente onde estagia, ou concebido a partir dele.

Nessa etapa do curso, estão inseridas disciplinas diretamente relacionadas com o exercício da Engenharia, como "Segurança no Trabalho", "Legislação Empresarial e do Trabalho", "Gestão de Projetos" etc. Tal inserção se justifica pelo fato de que a motivação dos estudantes, para se dedicar a elas, é significativamente despertada, por estarem vivendo ambientes onde tem significado pleno[86] e os orientadores de TCC[87] podem perfeitamente explorar esses conteúdos nos projetos.

Tendo em vista que, a essa altura, o estudante já possui um bom nível de maturidade, o que, aliado ao fato de que tais conteúdos têm um caráter muito mais informativo, não apresentam dificuldades para a adoção do EaD[88] como método de ensino.

---

[86] Destaque-se que tais conteúdos são, em geral, pessimamente ministrados nos cursos tradicionais, por ocorrerem em ambientes totalmente descontextualizados (salas de aula), o que acaba resultando naquela história: "O professor finge que ensina, o aluno finge que aprende e todos são felizes para...".

[87] Que nesse caso acumulam a função de responsáveis pelos estágios.

[88] Ensino a Distância.

Portanto, a adoção dessa prática educativa favorece enormemente o citado ritual de passagem, uma vez que facilita decisivamente a vivência do ambiente do estágio e amplia as possibilidades de sua realização (flexibilidade de horário e do local onde pode ser realizado). Dessa forma, os estágios não precisam ficar restritos a um pequeno raio de ação da cidade onde o curso é ofertado. Vários são os locais onde os estudantes já estagiaram, como muitas cidades do interior de Minas, Rio de Janeiro, São Paulo, Macaé, Curitiba, Rondônia, Palmas e até mesmo no exterior, como um caso em que uma aluna desenvolveu um projeto de otimização energética de uma unidade do maior complexo farmacêutico de uma tradicional indústria multinacional em Frankfurt, Alemanha. Uma unidade de 50 m de largura, por 1,0 km de comprimento, que necessitava de renovação, purificação e condicionamento de ar, a uma temperatura de 22 °C, várias vezes ao dia. Projetou um sistema que reduzia em cerca de 80% o consumo de energia elétrica no inverno.

Os TAIs neste ciclo envolvem o projeto da solução energética de uma situação real:

- com ênfase no diagnóstico de uma situação, onde ocorre o estágio profissional, e a definição da alternativa mais adequada para a solução daquela situação (9° período);
- desenvolvimento do projeto da alternativa definida (10° período).

Nesse contexto, a concessão de estágio para um estudante do último ciclo do curso passa a ser altamente vantajosa para a empresa, porque:

- se ela propuser ao estudante uma situação-problema de seu interesse e apoiar adequadamente o estudante, fará jus a um projeto, que contará com uma consultoria indireta de professores da Universidade (orientador do projeto e, eventualmente, outros), praticamente sem ônus para ela;
- o processo pode servir de programa de *trainee*, ainda no âmbito da graduação;
- pela legislação em vigor[89], o estágio obrigatório não precisa ser remunerado.

Por outro lado, este processo é altamente vantajoso para o estudante, uma vez que, elaborando um projeto de solução de uma situação real,

---

[89] Lei n. 11.788, de 25 de setembro de 2008.

ainda sob o apoio acadêmico, ele logra uma melhoria significativa em sua formação[90], podendo inclusive estar sendo, com isto, selecionado para uma contratação imediata. E ganha a Universidade, pois enriquecendo a formação de seus engenheiros, alcança uma projeção muito positiva no cenário onde atua. Resulta num jogo de ganha-ganha-ganha!

4.7 PRÉ-INCUBAÇÃO DE EMPRESAS

Através de uma adequada articulação entre as disciplinas TCC e "Projetos de Negócios", ofertadas ambas no último ciclo, poderão ser desenvolvidos, no âmbito da graduação, embriões de empresas nos diversos segmentos da energia. Na disciplina TCC, o estudante, desenvolve produtos ou serviços de interesse da área de energia, ao passo que na disciplina "Projetos de Negócios" pode elaborar um projeto comercial do empreendimento que o torne potencialmente viável. Os embriões de empresas que porventura se originarem podem ser encaminhados para alguma incubadora de empresas, onde o processo de maturação e consolidação empresarial possa ser viabilizado, posteriormente à formação em Engenharia.

Assim, o ambiente da graduação pode tornar-se também um espaço para a criação de embriões de empresas, o que pode ter reflexos muito positivos, tanto para o meio empresarial como para o ambiente acadêmico, configurando-se em um estímulo adicional para os graduandos, sem, contudo, desviar a Universidade de sua função precípua, a formação. Não se trata propriamente da formatação de uma incubadora de empresas, mas de propiciar a existência de um estágio inicial do processo de geração delas, inteiramente abrigado no âmbito da graduação. Consiste, dessa forma, em uma modalidade de atividade de extensão tecnológica, que contribui significativamente com o desenvolvimento socioeconômico, associado ao aprimoramento da formação dos engenheiros, que mesmo não logrando êxito no eventual embrião, podem vir a criar posteriormente outras empresas, ou mesmo empreender onde estiverem trabalhando.

4.8 SEMINÁRIOS

Além das horas de aula destinadas aos TAIs e às demais disciplinas do curso, a integralização curricular inclui o cumprimento de oito semi-

---

[90] Isso ocorre ainda no âmbito de sua graduação.

nários, ofertados com periodicidade semestral, em uma semana em que as atividades letivas regulares são suspensas (aproveitando-se a expansão do calendário escolar)[91], com os objetivos de propiciar:

- aos estudantes:
- atualização tecnológica, por meio de palestras e minicursos sobre temas atuais de interesse da Engenharia em geral e da Engenharia de Energia em particular;
- oportunidade de diversificação da sua formação, a partir de contatos com outros temas importantes do mundo contemporâneo.
- à coordenação e aos professores:
- espaço para reflexão e conversações sobre o andamento do curso e de suas perspectivas;
- capacitação e atualização profissional.

Cada um dos seminários é composto de:

- palestras versando sobre temas gerais da atualidade, da Engenharia em geral e específicos da Engenharia de Energia;
- minicursos técnico-científicos, ofertados preferencialmente em parceria com empresas.

Um seminário deve servir de oportunidade para a abordagem de assuntos de importância emergente e não previstos na matriz curricular regular.

Parte dos horários programados para as palestras estará reservada para a apresentação dos melhores trabalhos de estudantes e, eventualmente, de trabalhos de professores, não abrangidos pelas ementas das disciplinas que ministram no curso. Os demais horários estarão dedicados a atividades (palestras e minicursos) ministrados por profissionais e professores que não façam parte do corpo docente do curso, para que, nessa ocasião, os docentes estejam disponíveis para participar de atividades de qualificação e de reflexão sobre o curso e os estudantes tenham a oportunidade de ter contato com o mundo externo à Universidade.

Em cada seminário o estudante escolhe, dentre as opções disponíveis, palestras e minicursos que cubram todos os horários programados para a

---

[91] As cargas horárias das disciplinas na Universidade, na época, eram normalmente expressas em múltiplos de 15 horas, o que pressupunha 15 semanas letivas por semestre. No entanto, no calendário escolar, havia sempre um número maior que esse de semanas letivas por semestre.

semana. As atividades do seminário podem incluir também visitas técnicas. A avaliação do estudante num seminário está condicionada à sua presença em cada atividades em que se inscreveu, ponderada por uma avaliação realizada por quem ministrou a atividade, sobre a sua impressão geral a respeito do envolvimento da turma e dos ganhos provavelmente dela obtidos[92].

4.9 SISTEMA DE AVALIAÇÃO E MELHORIA DA QUALIDADE DE ENSINO

Um aspecto muito positivo, para êxito da implementação do curso, foi a criação, pouco depois de sua implantação, de um "Sistema de Avaliação e Melhoria da Qualidade de Ensino", incluindo: o levantamento de indicadores acadêmicos e estatísticas, o acompanhamento periódico de egressos; e levantamento de opiniões anônimas dos estudantes e dos professores sobre diversos aspectos das práticas didáticas adotadas. Tais aspectos variam de acordo com o que é esperado de cada docente, em função da sua atuação – professor de disciplina, professor de TAI, professor de disciplina ministrada em EaD e orientador de TCC. Para cada categoria, são levantados de sete a dez aspectos. O principal objetivo desse processo é fornecer aos docentes resultados estatísticos, sintetizando as opiniões dos estudantes, para servir de *feedback* que propicie uma mudança positiva em suas práticas. Os resultados não são objeto de divulgação ampla, sendo de conhecimento apenas do próprio docente e do Colegiado de Coordenação do curso, que só age a partir de uma terceira avaliação consecutiva muito negativa, chamando o docente para conversar a respeito, com o intuito de se encontrar algum caminho para a mudança da sua prática docente e/ou correção de rota.

Em geral, o docente que recebe *feedbacks* negativos procura alterar suas posturas e, em muitos casos, observam-se mudanças muito significativas. Há casos de docentes que foram alvo da formulação de imagem negativa e passaram à condição de quase ídolos dos estudantes, posteriormente. Há outros, porém, em que a mudança foi muito simples. Um professor, que não conseguia falar alto, ao saber do desconforto que isso causava nos estudantes, resolveu o problema usando um microfone, com autofalante em suas

---

[92] A soma das avaliações do estudante, segundo este critério, em todos os horários inscritos, resultará na sua "nota" na disciplina "Seminário" daquele semestre letivo. Dessa forma, uma boa avaliação resulta da simples presença e de um envolvimento e participação geral da turma na atividade. O processo avaliativo incentiva a boa escolha de atividades e o comprometimento geral dos estudantes.

aulas. Porém, há situações em que o docente percebe sérias dificuldades, para sanar as insatisfações, que causa nos estudantes e, por conseguinte, para se adequar ao curso, decide por si mesmo abandonar o corpo docente.

Outra prática importante para a manutenção de um mínimo de coerência didático-pedagógica no curso é a realização de, pelo menos três, reuniões semestrais, nas quais há conversações sobre o andamento e as necessidades de aprimoramento do curso. Nessas reuniões os docentes têm a oportunidade de compartilhar experiências e de atentar ao que acontece em todos os períodos do curso. Uma destas, realizada ao final do semestre letivo, com os docentes de cada período, é o Conselho de Classe, no qual as avaliações sobre as utilizações coletivas e individuais dos conteúdos são compatibilizadas.

Além do levantamento sistemático semestral de opiniões dos estudantes, são realizadas, sempre que consideradas necessárias, reuniões com eles.

5

PENSANDO SISTEMICAMENTE O CONTEXTO DE ENSINO-APRENDIZAGEM

Do relato da experiência inovadora no contexto de ensino-aprendizagem, constante em capítulos anteriores deste livro, alguns de seus aspectos ainda podem estar ressoando para você, como: esse curso desenvolve práticas pedagógicas inovadoras; o Projeto Pedagógico desse curso é sistêmico; estudantes e professores do curso vivem com entusiasmo o seu cotidiano; chama a atenção o modo como se relacionam estudantes e professores; pesquisas com os egressos evidenciam que as empresas têm reconhecido diferenciais dos profissionais formados por esse curso.

Tudo isso pode ter desencadeado em você muitas reflexões e, naturalmente, você pode estar se perguntando: por que tudo isso acontece nesse curso? Como se fundamentam essas práticas pedagógicas inovadoras? O que caracteriza um Projeto Pedagógico Sistêmico?

Em nosso cotidiano, tendemos a agir, sempre que as circunstâncias o possibilitem, de modo coerente com o que acreditamos. Ou seja, subjacentes às nossas ações, podemos identificar nossas crenças, premissas, pressupostos, enfim, nossa epistemologia.

Então, este capítulo pretende apresentar o novo paradigma (epistemologia/visão de mundo) sistêmico que fundamenta essas práticas pedagógicas, reconhecidamente inovadoras, assim como apresentar novas concepções teóricas do processo de ensino-aprendizagem, consistentes com a epistemologia sistêmica novo-paradigmática.

5.1 O PROFESSOR TRADICIONAL E A SITUAÇÃO DE ENSINO-APRENDIZAGEM

Tradicionalmente, o professor (e, em geral, todos os profissionais que lidam com relações humanas), tem sido considerado: *"expert"* em soluções, "autoridade" no assunto, "especialista" em um tipo de situação-problema. Admite-se que ele tem "acesso privilegiado a uma fatia da realidade". Segundo essa concepção tradicional, o bom professor: deve ser capaz de resolver situações-problema (produzir mudança nessa situação); deve ter o poder de produzir a "mudança do estudante", ou seja, a aprendizagem do estudante; deve exercer seu poder agindo sobre o "sistema", para que aconteçam as mudanças desejadas.

Em geral, esse professor, correspondendo a essas expectativas tradicionais, costuma exercer seu poder: ensinando, informando, orientando, treinando, convencendo, prescrevendo, conscientizando, dirigindo.

Mas acontece que, com frequência, esse professor tem vivido uma situação paradoxal (sem saída). Se, por um lado, ele acredita que tem o poder e o dever de "conseguir" a aprendizagem (a mudança do estudante), por outro, ele quer a autonomia do estudante; daí emerge uma situação sem saída (paradoxal), que captura tanto o estudante quanto o professor.

Como se configura a situação sem saída (paradoxal)?

- Para o estudante: "COMO posso ser autônomo (agir por iniciativa própria), se estou recebendo instruções sobre como agir"?
- Para o professor: "COMO devo atuar, sendo competente e responsável pela mudança (aprendizagem do estudante), se o estudante é quem deve assumir responsabilidade por sua própria mudança (por sua própria aprendizagem)?"

Acontece que temos pensado o ENSINAR e atuado no contexto de ensino-aprendizagem com premissas de uma visão de mundo tradicional, ou seja, embasados no paradigma tradicional de Ciência. E é essa visão de mundo tradicional que pode estar colocando o professor nessa situação sem saída. Mas toda essa situação começa a mudar quando o professor tradicional e os demais profissionais tradicionais tomam conhecimento de que está acontecendo uma mudança de paradigma na Ciência.

5.2 A MUDANÇA DE PARADIGMA NA CIÊNCIA

É muito provável que você já tenha lido e ouvido sobre a mudança de paradigma[93] que está acontecendo, desde há algum tempo, no domínio linguístico da Ciência.

---

[93] Como introdução ao tema da mudança de paradigma na Ciência, veja o texto "O mundo em movimento", publicado no jornal *Estado de Minas*, por ocasião do lançamento do livro *Pensamento Sistêmico. O novo paradigma da ciência*, disponível em: https://www.mariajoseesteves.com.br/mundo-em-movimento/. Para saber mais, ver: Esteves de Vasconcellos (2002). Veja também o vídeo da entrevista concedida ao Programa de Televisão

Evidências nos laboratórios científicos, a partir da segunda metade do século passado, estão levando os cientistas a questionarem seus pressupostos tradicionais. Diante das novas evidências, eles os estão revendo e assumindo novos pressupostos: está se constituindo o novo paradigma da Ciência, que pode ser distinguido como um paradigma sistêmico, conforme proposto no livro *Pensamento Sistêmico. O Novo Paradigma da Ciência*, de Esteves de Vasconcellos (2002).

Para compreender essa mudança de paradigma da Ciência, precisamos ver em que sentido estamos tomando as noções de paradigma e de teoria, bem como as diferenças entre elas.

5.3 PRÁTICA, TEORIA E EPISTEMOLOGIA/PARADIGMA/VISÃO DE MUNDO

No afazer científico, podemos distinguir práticas, teorias e a epistemologia/paradigma (ou visão de mundo) do cientista/profissional:

- a PRÁTICA é a ação do profissional/cientista em relação ao fenômeno de seu interesse, no caso que nos interessa aqui, o fenômeno de ensino-aprendizagem.

Como fundamentos das práticas científicas, nesse caso das "práticas de ensino" que desenvolvemos, podemos distinguir os fundamentos teóricos e os fundamentos epistemológicos:

- as TEORIAS são conjuntos de princípios explicativos do fenômeno de interesse, as quais o profissional/cientista adota para compreender o fenômeno; por exemplo, as diversas "teorias de aprendizagem" disponíveis;
- a VISÃO DE MUNDO ou EPISTEMOLOGIA do profissional/cientista é o conjunto de seus pressupostos/crenças. A EPISTEMOLOGIA (VISÃO DE MUNDO) tem sido tomada como equivalente de PARADIGMA e de PENSAMENTO.

Mas qual a diferença entre um fundamento teórico e um fundamento epistemológico?

Interconexão Brasil, do canal BH News, no lançamento da 10ª edição do mesmo livro, disponível em: https://www.mariajoseesteves.com.br/interconexao-brasil/. E ainda a entrevista concedida à Gláucia Rezende Tavares, disponível em: https://www.youtube.com/watch?v=wRuvo4CGOcU.

Minha epistemologia, meus paradigmas, minha visão de mundo, minhas crenças fazem parte de mim, da minha estrutura relacional, estrutura que desenvolvi ao longo de minhas interações com o meio. Como já foi dito, tendemos a agir, sempre que as circunstâncias o possibilitem, de modo coerente com o que acreditamos. Portanto, minha EPISTEMOLOGIA ME IMPLICA: experimento desconforto se agir de modo incoerente com o que acredito.

Nesse sentido, o termo Epistemologia pode ser tomado como equivalente de: pensamento, paradigma, pressuposto, pressuposto epistemológico, crença, premissa, verdade, preconceito, visão de mundo.

Já uma teoria não faz parte de mim. Uma TEORIA EU APLICO para compreender ou explicar o fenômeno do meu interesse.

5.4 PARADIGMAS NA VIDA COTIDIANA

O termo paradigma entrou em evidência depois da publicação do livro *Estrutura das revoluções científicas*, por Thomas Kuhn (1962).

No nosso cotidiano, nossos paradigmas funcionam como autoinstrução e podem dificultar a solução de problemas simples, como podemos constatar no seguinte exercício:

Ligue os nove pontos, sem tirar o lápis do papel, com apenas quatro segmentos de reta.

●   ●   ●

●   ●   ●

●   ●   ●

A solução do problema requer uma quebra de paradigma: que se ultrapassem os limites.

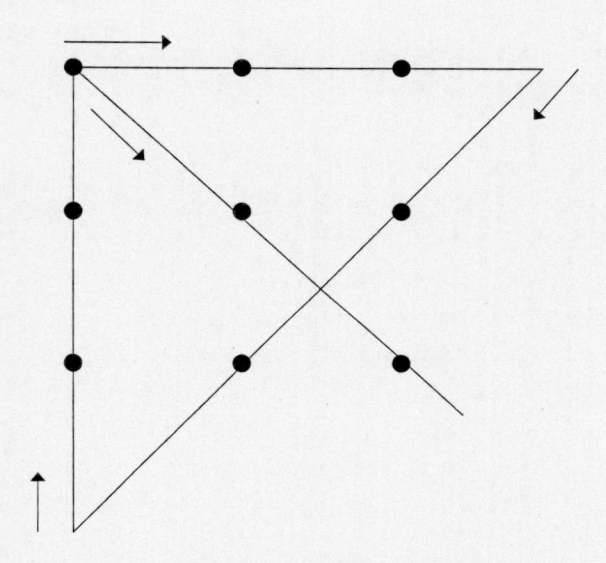

A dificuldade de solução do problema proposto se deve ao fato de acreditarmos que devemos nos manter dentro do espaço delimitado pelos nove pontos. Como não houve instrução nesse sentido, essa é uma autoinstrução. É uma crença que faz parte de nossa estrutura relacional e que certamente aprendemos em nossas interações linguísticas, em algum momento da nossa história de interações com o meio.

Vemos o mundo por intermédio de nossos paradigmas[94]. Nossos paradigmas podem nos limitar, podem gerar uma "paralisia de paradigma" ou mesmo uma "doença fatal de certeza".

Mas nossos paradigmas também podem facilitar nossa atuação, focalizando nossa atenção e recortando em detalhes a informação que nos é apresentada. Segue-se um exemplo simples de como isso pode acontecer. Levando um carro que se estraga a quatro técnicos, cada um deles dirá uma coisa:

- químico: o combustível pode estar adulterado.
- eletricista: será uma pane no sistema elétrico?

---

[94] Experiências que evidenciam a influência dos paradigmas em diversas situações simples do nosso cotidiano estão descritas no Capítulo 1, do livro *Pensamento Sistêmico. O novo paradigma da ciência*. Veja também o vídeo "A questão dos paradigmas", de Joel Barker.

- mecânico: a caixa de câmbio parece ter estourado.
- técnico em Informática: deve haver um problema no computador central.

Uma das consequências de termos paradigmas muito diferentes é a de assumirmos frequentemente posições antagônicas em nossas relações cotidianas.

No trabalho, por exemplo, as pessoas, em função de seus paradigmas diferentes ("o trabalho dividido fica mais leve" ou "panela onde muitos metem a colher não dá bom caldo"), podem assumir posições antagônicas com relação a dividir ou não uma tarefa.

Nas relações conjugais, os dois podem assumir posições antagônicas com relação a como aplicar as economias do casal, porque têm paradigmas diferentes: "um homem prudente vale por dois" ou "quem não arrisca, não petisca".

Não existe uma explicação única sobre como se formam os paradigmas, mas, certamente, se desenvolveram ao longo de nossa história de interações com o meio.[95]

Interessante na visão de mundo de uma sociedade é que os indivíduos não têm consciência de como ela afeta o modo de eles perceberem e fazerem as coisas. Somos tão presos no nosso paradigma que qualquer outro modo de ver, pensar ou fazer parece fatalmente inaceitável. Por isso, Einstein teria dito que é mais fácil desintegrar um átomo do que um preconceito. Aqui estão grifados três termos que estão sendo tomados como equivalentes: preconceito, paradigma e visão de mundo.

5.5 A CIÊNCIA TEM PARADIGMAS: O PARADIGMA DA CIÊNCIA TRADICIONAL

O paradigma da ciência é constituído de crenças e valores (visão de mundo), critérios de cientificidade, pressupostos epistemológicos – não demonstráveis cientificamente – nos quais os cientistas fundamentam seu trabalho.

O paradigma da Ciência interessa também aos leigos. Segundo Maturana (1997), a Ciência desempenha um papel central na validação do conhe-

---

[95] Sobre a questão de "Como nasce um paradigma", veja o vídeo *"Os cientistas e os macacos"* ou *"Análise de comportamento, experimento com macacos"*, disponível no YouTube.

cimento em nossa cultura ocidental e, portanto, em nossas explicações e compreensão dos fenômenos. Assim, os leigos muitas vezes perguntam: "isso é científico?", "já está cientificamente comprovado?".

A forma de pensar dos cientistas – sua visão de mundo – vem se desenvolvendo desde a Antiguidade e tem sido chamada de pensamento clássico, cartesiano, linear, newtoniano. Nossa forma cotidiana de viver está impregnada por essa forma de pensar ou por esse paradigma de conhecimento científico. Ninguém precisa fazer um curso para pensar dessa forma.[96]

Podemos distinguir três pressupostos epistemológicos que constituem essa visão de mundo tradicional. Os cientistas acreditam:

- na simplicidade do microscópico e, em busca do elemento essencial, analisam o complexo em partes e buscam as relações causais lineares entre elas.

- na estabilidade do mundo, um "mundo que já é", cujos fenômenos podem ser descritos por leis ou princípios científicos. Em consequência, assumem as crenças no determinismo e previsibilidade dos fenômenos e na sua reversibilidade e controlabilidade.

- na possibilidade da objetividade, o que os leva a tentativas de contornar ou colocar a subjetividade do cientista entre parênteses e à busca da versão única e verdadeira sobre a realidade (*uni-versum*).

Então, a Ciência tradicional (liderada pela Física), baseada nesses seus três pressupostos: fragmenta o sistema e usa a Lógica clássica (simplicidade); para conhecer as regras do funcionamento do sistema (estabilidade); as quais evidenciem como o sistema é na realidade (objetividade).

Com esses pressupostos do paradigma tradicional da Ciência[97], também o professor: compartimenta cada vez mais o saber em áreas ou especialidades (disciplinas); atua acreditando na possibilidade de interação instrutiva[98] com seus estudantes e na possibilidade de conduzir seu processo

---

[96] No livro *Pensamento Sistêmico. O novo paradigma da ciência* (Cap. 2 – "Destacando momentos marcantes no desenvolvimento da concepção de conhecimento científico"), encontra-se uma descrição resumida de como essa ideia de conhecimento científico veio, através dos tempos, até nós.

[97] No livro *Pensamento Sistêmico. O novo paradigma da ciência*, Capítulo 3, *"Delineando o paradigma tradicional da ciência"*, encontra-se uma descrição do Paradigma Tradicional da Ciência.

[98] "Interação instrutiva" se refere à situação em que se acredita ser possível que uma pessoa dê uma instrução a alguém e que essa outra pessoa siga a instrução recebida, correspondendo à expectativa de quem deu a instrução. Adiante se verá que a ciência hoje nos mostra ser impossível a interação instrutiva com seres vivos.

de aprendizagem; conduz sua atuação acreditando ser possível o acesso dos seres vivos humanos à realidade objetiva, que deve ser conhecida "tal como é na realidade".

Essa Ciência tradicional, atuando com esse paradigma, com esses pressupostos epistemológicos teve e tem tido sucesso, levou o homem à Lua, mas...

"Quando o homem comum (o homem da rua) começou a acreditar inteiramente na Ciência e a adotar seus pressupostos (perguntando "isso é científico?", "já está provado cientificamente?"), o cientista (o homem do laboratório) começou a perder a fé nesses pressupostos." (Russell, 1962 *apud* Rifkin; Howard, 1981, p. 221).

5.6 O NOVO PARADIGMA DA CIÊNCIA CONTEMPORÂNEA: O PENSAMENTO SISTÊMICO NOVO-PARADIGMÁTICO

A partir da primeira metade do século XX, começaram a surgir, nos laboratórios científicos, evidências que levaram os cientistas a questionar seus pressupostos. Eis algumas dessas evidências, na:[99]

- Microfísica, cientistas, dentre eles Niels Bohr, que trouxeram para o domínio da Ciência a questão da contradição lógica, ao afirmar que a partícula é onda e corpúsculo.

- Termodinâmica, o físico Boltzmann evidenciou que todas as transformações que ocorrem no Universo são causadoras de desordem molecular: contradizendo uma expectativa de um mundo ordenado.

- Física Quântica, o físico Heisenberg questionou a crença na possibilidade da objetividade. Ao formular o "princípio da incerteza", afirmou a impossibilidade de o cientista se referir objetivamente ao fenômeno observado.

- Físico-Química, Prigogine mostrou que o sistema físico-químico que funciona longe do equilíbrio exibe saltos qualitativos que evidenciam a influência da história anterior do sistema sobre seu comportamento nos pontos de bifurcação que atravessa.

- Física Cibernética, o ciberneticista Heinz von Foerster nos propõe falar de "sistemas observantes": na impossibilidade de falarmos de sistemas observados (porque "o que eu digo diz mais de mim do

---

[99] No livro *Pensamento Sistêmico. O novo paradigma da ciência*, Capítulo 4, "Distinguindo dimensões no paradigma emergente da ciência contemporânea", estão resumidas as pesquisas realizadas por cada um desses cientistas.

que da coisa observada"), só nos resta falar de sistemas observantes: sistemas que se observam enquanto observam.

- Biologia Experimental, o biólogo Maturana nos propõe assumir a "objetividade entre parênteses": "tudo é dito por um observador" e as evidências nos mostram que, dado o fechamento operacional de nosso sistema nervoso, é impossível para o ser humano falar objetivamente do mundo.

Essas evidências surgidas nos próprios laboratórios de Ciência experimental, em experimentos realizados rigorosamente conforme os cânones da Ciência tradicional, levaram os cientistas aos limites do seu paradigma: os cientistas foram levados a questionar seus próprios pressupostos.

Trabalhando com as partículas elementares, os cientistas viram complexidade, causalidade recursiva, fenômenos relacionados uns com os outros: distinguiram a complexidade em todos os níveis da natureza e reconheceram que simplificá-la não seria adequado.

Em outros experimentos, os cientistas também viram não um mundo estável, passível de ser descrito por leis ou princípios, mas um mundo instável. Viram indeterminação, caos, imprevisibilidade, irreversibilidade, sistemas que funcionam longe do equilíbrio, sistemas instáveis e incontroláveis, determinação histórica de fenômenos físico-químicos: reconheceram a instabilidade de um "mundo em processo de tornar-se".

Outras evidências experimentais os levaram a rever, também, sua crença na possibilidade da objetividade e no realismo do universo e reconheceram que a realidade é uma construção nossa, num espaço consensual de intersubjetividade, quando compartilhamos nossas experiências individuais, subjetivas: reconheceram a impossibilidade da objetividade, bem como a inevitável construção social da realidade e do conhecimento.

Assim, os cientistas ultrapassam os pressupostos da simplicidade, da estabilidade e da objetividade, que constituem o paradigma tradicional da Ciência e assumem os três novos pressupostos: da complexidade, da instabilidade e da intersubjetividade, que constituem, então, "o novo paradigma da Ciência".[100]

Esse conjunto de três novos pressupostos constitui uma nova visão de mundo, uma nova forma de ver e estar no mundo, que é o Pensamento Sistêmico novo-paradigmático.

---

[100] A proposta de considerarmos o "Pensamento Sistêmico como o novo paradigma da Ciência" está apresentada no livro Pensamento Sistêmico. O novo paradigma da ciência, Capítulo 5, "Pensando o Pensamento Sistêmico como o novo paradigma da ciência: o cientista novo-paradigmático".

O mundo passa a ser pensado e descrito em termos de sistemas – conjuntos de elementos em interação. O foco passa a estar nas relações, não só as relações entre os elementos do sistema e deste com seu meio, mas também as relações entre o sistema e aquele que o descreve e trabalha com ele. Amplia-se o foco: do elemento (o indivíduo) para o sistema (a família, o grupo de trabalho, a escola) e para os sistemas de sistemas (os ecossistemas, as redes sociais, as comunidades, as nações, as comunidades internacionais).

Ao assumir essa nova visão de mundo, o cientista, o profissional, o homem comum, assumirá novos pressupostos que terão profundas implicações em seu modo de viver e em suas práticas profissionais.

Colocada, em linhas gerais, a mudança de paradigma em curso na ciência, podemos agora voltar à situação paradoxal vivida pelo professor tradicional e demais profissionais tradicionais que lidam com relações humanas.

5.7 A MUDANÇA DE PARADIGMA E A ATUAÇÃO DO PROFESSOR

Em consequência dos avanços na ciência, o professor – assim como os cientistas/pesquisadores –, assumindo também uma visão sistêmica novo-paradigmática, assume novos pressupostos: não é possível falar-se de uma realidade independente de um observador, ou seja, não existe realidade independente do observador; as "realidades" se constroem em conversações, em espaços consensuais de intersubjetividade, em que cada um dos participantes compartilha sua experiência subjetiva da situação; a interação instrutiva com sistemas vivos é impossível; o professor não detém o poder que lhe atribuem, de produzir a mudança (a aprendizagem) do estudante.

Ele, então, fica aliviado com as perspectivas de sair daquela situação sem saída ou paradoxal. PORÉM, permanece com uma pergunta fundamental: COMO desenvolver práticas de ensino consistentes com esse Pensamento Sistêmico novo-paradigmático: que focalizem as relações e que não fragmentem o sistema, ou seja, que não eliminem a complexidade; que reconheçam a autonomia dos sistemas vivos e a impossibilidade de interação instrutiva com eles; que reconheçam sua inevitável participação em tudo que seus estudantes desenvolvem dentro da sala de aula e algumas vezes também fora dela.

Vimos que nossas premissas estão sempre subjacentes às nossas ações. E também que temos pensado e exercitado o ensinar com premissas de uma visão de mundo tradicional, associando o ensinar a: preparar para novas atividades; propiciar desenvolvimento cognitivo; treinar novas habilidades; promover aprendizagem; passar informação; passar conhecimento.

Então, podemos agora nos perguntar: o que muda, quando pensamos o ENSINAR com a visão sistêmica novo-paradigmática?

Subjacente a essas concepções tradicionais de ensinar, está a premissa/ crença/ pressuposto de que é possível a interação instrutiva, de que um ensina/instrui e o outro aprende/muda.

Admitindo-se a interação instrutiva, o comportamento do ser vivo/ humano seria determinado pelos estímulos do meio. É o que chamamos de determinismo ambiental, que supõe que, para cada instrução, haveria uma mesma resposta de todos que receberam aquela instrução. Assim:

Instrução 1 – indivíduo A – resposta 1

Instrução 1 – indivíduo B – resposta 1

Exemplificando: o professor instrui: "Se o Sol incomodar, venha sentar-se deste lado". Acontece, então, que o Estudante A muda de lugar e o Estudante B permanece no mesmo lugar. Com base na visão tradicional, não ocorrendo a resposta correspondente à instrução, conclui-se que o Sol não incomodou o estudante B.

Com a visão tradicional, aprendemos a acreditar que é possível conhecermos objetivamente o mundo, que nosso sistema nervoso representa (reflete especularmente) o que existe realmente no meio, que devemos exigir objetividade, a verdade sobre os fatos. Além disso, acreditamos que cada especialista tem "acesso privilegiado a uma fatia da realidade" e que, para cada assunto, devemos esperar pela palavra do especialista naquele assunto. E mais, que, na discordância, um está certo, o outro errado e que devemos recorrer a testemunhas dos fatos para saber de que lado está a verdade.

Entretanto, pesquisas desenvolvidas em laboratórios de Biologia Experimental evidenciam que nenhum de nós pode distinguir, em sua experiência do mundo, uma percepção de uma ilusão/alucinação.

5.7.1 Como afirmar a presença de uma pessoa na sala?

Uma experiência/encenação sobre a presença ou não de uma pessoa na sala evidencia que não temos como embasar objetivamente a afirmação de que a pessoa está, de fato, na sala[101]. Vamos imaginar o seguinte diálogo entre um professor que acaba de entrar na sala de aula e um de seus estudantes.

Estudante: Professor, hoje não teremos aula com o senhor. A secretária do colégio, D. Fulana, está aqui, exatamente avisando-nos de que as aulas estão suspensas, na parte da manhã, a partir de agora. Portanto, professor, não teremos hoje a sua aula.

Professor: Você tem certeza da presença de D. Fulana aqui?

Estudante: Claro que tenho, professor, porque a estou vendo.

Professor: Essa é uma experiência sua, subjetiva, e você pode estar tendo uma alucinação visual.

Estudante: Não, não é alucinação, professor, porque também ouvi o que ela falou.

Professor: Você está tomando outra experiência sua, subjetiva, a experiência auditiva, para validar sua experiência visual. Mas você pode também ter tido uma alucinação auditiva.

Estudante: (Levanta-se, aproxima-se de D. Fulana e toca-a). Tenho certeza da presença dela aqui, porque posso até tocá-la! Está aqui. É real!

Professor: Mais uma vez, você lança mão de sua experiência subjetiva para afirmar a realidade. Mas existem também alucinações táteis. Será que você não está tendo uma alucinação tátil? Você não pode validar a existência da realidade, usando suas experiências individuais, subjetivas.

Estudante: Que é isso? (Dirige-se aos colegas.) Me ajuda aí, pessoal! Por favor, vocês concordam que D. Fulana está aqui realmente?! Por favor, quem concorda comigo levanta a mão (Quase toda a classe levanta a mão).

Professor: Ah! Agora, sim! Para esse grupo que levantou a mão, cada um compartilhando sua experiência subjetiva, a presença de D. Fulana aqui vai ser tomada como real.

Com essa experiência, podemos facilmente constatar e nos convencer da impossibilidade de alguém falar sobre a existência objetiva do que quer que perceba à sua volta. O que vivenciamos nessa experiência evidencia que É IMPOSSÍVEL A OBJETIVIDADE. Cada um de nós é levado a admitir que:

---

[101] Antes de prosseguir esta leitura, veja o vídeo "Evidenciando a impossibilidade da objetividade. Construindo afirmações sobre a realidade no espaço de intersubjetividade: a presença de uma pessoa na sala" (Esteves-Vasconcellos, 2020), disponível em: https://www.youtube.com/watch?v=ulS_diq1Yu8&t=4s.

1. sozinho, não tenho como distinguir, na minha experiência subjetiva, uma "percepção" de uma "alucinação".
2. a "realidade" emerge na conversação: cada um compartilhando sua experiência subjetiva, num espaço de intersubjetividade, se constrói, por consenso, o que vai ser tomado como real.

Diversas outras experiências também embasam essa nova concepção de como o ser vivo conhece o mundo, a qual foi chamada por Maturana de Biologia do Conhecer. Vejamos a seguir algumas delas.

5.7.2 Experiência das sombras coloridas

Uma experiência com luzes e sombras coloridas, realizada e descrita por Maturana e Varela (1987/1983), evidencia como o que percebemos depende de nossa própria estrutura biológica.[102]

É aconselhável que você interrompa aqui a leitura, para realizá-la, tal como descrita a seguir. Será fundamental você vivenciar o impacto das contribuições de Maturana para a ultrapassagem do pressuposto da objetividade.

Tomando dois focos de luz branca, faça com que eles sejam projetados e fiquem superpostos sobre uma tela ou parede branca. Tome, então, um pedaço de celofane vermelho – é preferível usá-lo duplo – e cubra com ele a saída de um dos focos de luz. Esse celofane funcionará como um filtro, selecionando, em um dos focos de luz, o comprimento de onda correspondente à cor que chamamos de vermelha.

Ficando superpostos na tela o vermelho e o branco, a superfície ficará rosada. Intercepte, então, os focos de luz com sua própria mão, sem encostar na saída de qualquer deles, de modo a projetar a sombra de sua mão na tela. Procure, então, antecipar a cor da sombra.

Se você quiser, pode também variar a cor do celofane, usando-o verde, azul, amarelo.

Convidando outras pessoas a participarem da experiência, procure conferir se veem a sombra da mesma cor que você. Com o filtro vermelho, muito provavelmente você viu uma sombra verde. Com o filtro verde, a sombra vista é vermelha. Com o filtro azul, a sombra é amarela. Com o

---

[102] Antes de prosseguir esta leitura, veja o vídeo *"Evidenciando a impossibilidade da objetividade. Vivenciando os efeitos do fechamento operacional do sistema nervoso: as sombras coloridas"* (Esteves de Vasconcellos, 2020), disponível em: https://youtu.be/pDxcnZ_mmo0. Essa experiência está descrita em Maturana e Varela (1987/1983).

filtro amarelo, a sombra é azul. Por isso, verde e vermelho e azul e amarelo são chamadas de cores complementares.

Como se pode explicar que se tenha visto o verde, se, com o celofane vermelho, o comprimento de onda selecionado pelo filtro foi apenas o correspondente ao vermelho? Como você pode ver alguma coisa que não está no mundo físico?

Isso acontece devido ao modo como estão dispostos na nossa retina as terminações nervosas especialmente sensíveis aos diferentes comprimentos de onda: o receptor para o vermelho justaposto ao receptor para o verde, formando um par, enquanto o receptor para o azul está justaposto ao receptor para o amarelo, formando outro par. Então, quando estimulado nas condições criadas nessa experiência, a estimulação para um receptor atinge o seu par e vivenciamos a experiência correspondente a outra cor.

A experiência das sombras coloridas evidencia, com muita clareza, que nem as cores são propriedades objetivas dos objetos. Experimentos realizados em laboratórios de Biologia Experimental evidenciaram a impossibilidade de correlação entre a atividade das células da retina e a composição espectral dos estímulos luminosos, ou seja, não existe a representação da realidade.

A cor que distinguimos resulta da interação entre o estímulo (comprimento de onda luminosa) que atingiu a retina e as características estruturais da retina, ou seja, a forma como estão dispostas nela as terminações nervosas sensíveis aos diversos comprimentos de onda luminosa.

Tendo vivenciado essa experiência, você pode ser levado a se perguntar: a cor que vi veio da tela para meu olho ou foi do meu olho para a tela? E ainda pode ser levado a admitir que aquela cor que experimentou não preexiste à sua interação com ela: dependeu de sua estrutura biológica para emergir como tal para você.

5.7.3 Experiência com a salamandra

A experiência com a salamandra (Maturana; Varela 1987/1983)[103] evidencia como a percepção não reflete especularmente o mundo, mas depende da estrutura biológica do ser vivo.

A conduta alimentar da salamandra (ou sapo) é sempre a mesma: o animal se orienta em direção à presa (um inseto), projeta sua longa língua

---

[103] Veja o vídeo *"A experiência de Humberto Maturana com o olho da salamandra"* (Esteves-Vasconcellos, 2021), disponível em: https://youtu.be/6XUWuzlXIbU. Essa experiência está descrita em Maturana e Varela (1987/1983).

pegajosa e a recolhe rapidamente, trazendo a presa aderida à superfície. Foi possível fazer com a salamandra um experimento muito revelador. Cortou-se a borda do olho de um girino e girou-se o olho até completar 180 graus. Deixou-se o animal operado completar seu desenvolvimento até se tornar um adulto. Então ofereceu-se à salamandra um inseto, tendo o cuidado de cobrir o olho que foi virado: ela lança a língua para fora e acerta em cheio o alvo. Repetiu-se o procedimento, desta vez cobrindo o olho normal. A salamandra projeta a língua com um desvio de exatamente 180 graus. Ou seja, se a presa está abaixo e na frente do animal, esta projeta sua língua para cima e para trás. Repetindo-se o teste, a salamandra comete o mesmo erro, fazendo um desvio de 180 graus, nunca muda esse novo modo de lançar a língua, com um desvio em relação à posição da presa equivalente à rotação do olho que lhe foi imposta pelo pesquisador. Projeta a língua como se a zona da retina onde a imagem da presa se forma estivesse em sua posição normal.

O experimento revela, de maneira dramática, que, para o animal, não existe acima e abaixo, ou frente e trás, em relação ao mundo exterior, tal como existe naquele momento para o experimentador. Existe apenas uma correlação interna entre o lugar de onde a retina recebe uma determinada perturbação e as contrações musculares que movem a língua, a boca, o pescoço e, em última instância, todo o corpo da salamandra e não uma representação de um mapa do mundo, como poderia parecer razoável a um observador.

A experiência com a salamandra mostrou que uma alteração radical na sua estrutura biológica, ou seja, uma rotação, em 180 graus do seu globo ocular, mudou radicalmente sua percepção: para ela, o mundo ficou em posição invertida, o que inviabilizou que conseguisse se alimentar e, portanto, que se mantivesse em acoplamento estrutural com o meio. Ou seja, vemos o que nossa estrutura biológica nos permite ver.

5.7.4 Experimentando a pós-imagem

Fixe o olhar nos pontinhos centrais por algum tempo e, em seguida, desloque rapidamente o olhar para a superfície branca ao lado.

Fixe o olhar no centro da imagem por algum tempo e, em seguida, desloque rapidamente o olhar para a superfície branca ao lado.

Aqui, podemos novamente perguntar: as pós-imagens que você viu estavam lá para serem percebidas por você? Foram da tela para seu olho? Ou do seu olho para a tela? Sua experiência visual foi uma percepção de um objeto real ou foi experiência sensorial sem objeto (uma alucinação)? Fica evidente, mais uma vez, que a realidade não preexiste à distinção de um observador. E essa distinção dependerá das possibilidades estruturais desse observador.

Todas essas evidências, obtidas em laboratórios de Biologia Experimental, levam-nos a reconhecer que: É IMPOSSÍVEL A OBJETIVIDADE. Impossível, não devido a qualquer característica do mundo ou do objeto focalizado, mas devido à nossa constituição biológica de seres vivos humanos observadores. A forma como somos biologicamente constituídos, como seres vivos cujo sistema nervoso é operacionalmente fechado, nos impede de falar de um mundo objetivo, seja ele um mundo suborgânico – inanimado, seja um mundo orgânico – vivo, seja mundo supraorgânico – social.

Por outro lado, esses mesmos estudos biológicos nos mostram que nossa constituição humana, como seres vivos que vivemos na linguagem, permite-nos construir conhecimento do mundo, permite-nos que, conversando, possamos construir o que tomamos como "realidade".

Vimos que não é possível identificar uma correlação operacional entre a atividade das células da retina e a composição espectral dos estímulos luminosos. Entretanto, os pesquisadores identificaram a possibilidade de correlação entre a atividade das células da retina e a denominação dada pelo sujeito observador à sua própria experiência subjetiva, ou seja, a nomeação da cor por ele distinguida.

Assim, nenhum observador pode falar de uma realidade objetiva: NÃO EXISTE A REALIDADE INDEPENDENTE DE UM OBSERVADOR. Quando o biólogo chileno Humberto Maturana iniciou uma palestra escrevendo no quadro: "Tudo é dito por um observador", outro cientista presente, o ciberneticista austríaco Heinz von Forster, pediu licença e completou a frase: "a outro observador". Ou seja, como nosso viver se dá em conversações, tudo que é dito sobre o mundo é dito em conversações de sujeitos observadores.

Pensando sistemicamente, reconhecendo que "tudo é dito por um observador a outro observador", assumimos algumas consequências fundamentais para nosso viver.

Se não existe realidade independente do observador, ninguém tem "acesso privilegiado à realidade". Portanto, a voz ou o saber do especialista no assunto poderá ser considerado diferente, mas não superior à voz ou ao saber do não especialista no assunto.

Se não existe realidade independente do observador, não existe verdade objetiva e ninguém é autoridade para falar da verdade. Ainda que tenha feito especialização, mestrado, doutorado, pós-doutorado, sua percepção ou sua narrativa sobre o que está acontecendo não será tomada como mais verdadeira do que as dos demais.

Se não existe realidade independente do observador, não há como validar minha percepção/ação, e ninguém pode garantir que está certo e que o outro está errado. Em resumo, ninguém pode se considerar ou ser considerado superior aos outros, ou considerar sua posição como melhor do que a dos outros.

Outra consequência fundamental desses desenvolvimentos recentes no âmbito da ciência é que o professor reconhece que É IMPOSSÍVEL A INTERAÇÃO INSTRUTIVA. Nosso sistema nervoso, fechado operacionalmente, não é aberto à instrução. O ser vivo se comporta conforme as possibilidades contidas em sua estrutura, na interação com as possibilidades contidas no meio. Tudo vai depender, então, dessa interação.

Diante disso, o professor não terá mais como pressuposto aquele DETERMINISMO AMBIENTAL, do paradigma da ciência tradicional, mas, sim, assumirá a crença no DETERMINISMO RELACIONAL[104]. Assim:

Instrução 1 – indivíduo A, com suas possibilidades – resposta 1

Instrução 1 – indivíduo B, com suas possibilidades – resposta 2

Essas evidências trazidas pela Biologia do Conhecer – quanto à impossibilidade da objetividade – nos convidam a compreender o comportamento do indivíduo na interação com o meio. E então perguntaremos: e aquele estudante que não mudou de lugar? Será que o Sol não o incomodou? Ou outras características suas, ou outras possibilidades de sua estrutura relacional não viabilizaram que ele mudasse de lugar? Essas evidências nos incitam a repensar nossa atuação nos vários contextos em que vivemos.

5.8 OS FÍSICOS E A IMPOSSIBILIDADE DA OBJETIVIDADE

Essa questão da possibilidade/impossibilidade da objetividade tem continuado a ocupar também alguns físicos, desde Heisenberg. Por exemplo, Gleiser (2014), em capítulo intitulado *"Podemos saber o que é real?"*, no qual explora as implicações da Física Quântica para a nossa compreensão da realidade, refere-se às contribuições de vários físicos – Heisemberg, Bohm, Bohr, Einstein, Schrödinger, Zeilinger – que se debateram ou ainda se debatem com essa questão.

Interessante destacar algumas colocações de Gleiser nesse texto.

Segundo Gleiser (2014, p. 231-240), na Física Clássica, "[...] o ato de medir define o que está sendo medido [...] dando-lhe realidade física: [...] observações produzem o que é medido [...] somos nós que produzimos os resultados das medidas [...]". Fica então evidente que o ato de medir

---

[104] Esteves-Vasconcellos (2013) tece considerações sobre a expressão "determinismo estrutural", usada por Maturana, e propõe que seja substituída por "determinismo relacional". Veja a seção de seu livro, intitulada *"Determinismo relacional em lugar de determinismo estrutural"*.

define o que está sendo medido, dando-lhe realidade física, produzem o que é medido.

Na Física quântica:

> [...] o ato de medir compromete a noção de uma realidade que independe do observador [...] Tudo que podemos afirmar sobre a realidade passa por nosso cérebro [...] que desenha um experimento para determinar se o elétron se comporta como partícula ou como onda [...] por definição, o ato de observar necessita de que o que está sendo observado seja distinto do que está observando [...] a objetividade é perdida [...] (Gleiser, 2014, p. 231-240).

Antes de a medida ser efetuada, nada podemos afirmar sobre a propriedade da partícula e, assim, não podemos atribuir realidade física a essa propriedade. Isso requer rever nossa atitude – nossos pressupostos – em relação à existência da realidade física.

Só o olhar do observador confere significado ao fenômeno, na Física quântica, reconhece-se o paradoxo quântico: o emaranhamento entre observador e observado.

Por essas e outras colocações de Gleiser, parece que, em alguns momentos, os físicos tentaram restringir essa dificuldade ao mundo do muito pequeno, buscando preservar a possibilidade da objetividade para a Física Clássica. Isso parece basear-se na crença ou concepção de que a impossibilidade da objetividade depende do objeto focalizado e não do sujeito da observação.

As evidentes convergências entre essas afirmações dos físicos e as afirmações dos biólogos Maturana e Varela ("tudo é dito por um observador"; "a realidade emerge de uma distinção do observador"; "não existe a realidade independente de um observador") poderiam ocultar, para nós, uma questão fundamental.

Como vimos, os físicos estão reconhecendo que "tudo que podemos afirmar sobre a realidade passa por nosso cérebro", mas só os biólogos esclarecem para todos nós como o fechamento operacional do nosso sistema nervoso nos impede de falar objetivamente do mundo. Ou seja, é por meio da Biologia Experimental que compreendemos por que a objetividade é impossível, tanto para o objeto clássico, quanto para o objeto quântico (para todo o mundo suborgânico), tanto para o mundo vivo (o mundo orgânico), quanto para o mundo social (o mundo supraorgânico).

5.9 A BIOLOGIA DO CONHECER E OS DOMÍNIOS DE EXISTÊNCIA DOS SERES VIVOS

De acordo com a Biologia do Conhecer, os seres vivos existem em dois domínios: o domínio de sua existência como unidade, de sua estrutura fisiológica, e o domínio de suas interações com seu meio, ou seja, o domínio de suas condutas, como representado na Figura 4:

Figura 4 – Domínios de existência dos **SERES VIVOS**

organismo - fisiológico

interação - condutas

meio

Fonte: adaptada de Maturana (1997, p. 215)

Nessa interação com o meio, acontece um encaixe entre as possibilidades contidas na estrutura do ser vivo e as possibilidades contidas na estrutura do meio, encaixe que recebe o nome de acoplamento estrutural e que mantém vivo o ser vivo.

5.9.1 Aprendizagem: mudanças estruturais do ser vivo

Sendo plásticas tanto a estrutura do ser vivo quanto a do meio, em suas interações vão mudando o meio e o ser vivo. O ser vivo vai mudando sua estrutura, assim mantendo o acoplamento estrutural com o meio, ou seja, mantendo-se adaptado, mantendo-se vivo. A Figura 5 nos mostra como, na interação com o meio, o ser vivo pode mudar sua estrutura – ou seja, suas possibilidades para novas interações – conforme as mudanças que acontecerem na estrutura do meio.

Figura 5 – Na interação com o meio, o ser vivo muda sua estrutura

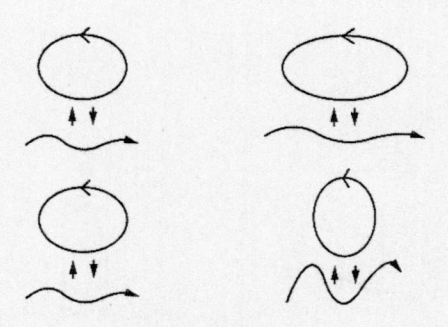

Fonte: adaptada de Maturana (1997, p. 217)

As mudanças estruturais do ser vivo são distinguidas pelo observador como aprendizagem. Diz Maturana, (1997, p. 215-217): "Digo que existe aprendizagem quando a conduta de um organismo varia durante seu viver, de maneira congruente com as variações do meio. [...] a aprendizagem é consequência necessária da história individual de todo ser vivo (sistema com plasticidade estrutural)".

Como biólogo, Maturana formula e relaciona duas perguntas: uma pergunta pelo conhecer: como o ser vivo conhece? Como sabemos que há cognição? E uma pergunta pelo viver: o que é a vida?

E responde à pergunta pela cognição: sabemos que alguém sabe pela resposta satisfatória ou conduta adequada. Mas como surge a conduta adequada? Surge com a história do ser vivo, seja a história filogenética (a história da espécie), seja a história ontogenética (a história do indivíduo).

Considerando que viver é exibir conduta adequada, ou seja, conduta que mantenha o ser vivo em acoplamento estrutural com seu meio, e que conhecer também é exibir conduta adequada, estabelece-se a equivalência: VIVER é CONHECER – CONHECER É VIVER. Assim, o ser vivo (todo e qualquer) conhece/sabe como manter-se vivo, em acoplamento, adaptado.

Mas como pensar nesses termos a aprendizagem de nossos estudantes?

5.10 DOMÍNIOS DE EXISTÊNCIA DO SER VIVO HUMANO

Seres humanos somos seres vivos que vivemos na linguagem. Viver na linguagem é a forma de viver que vem sendo conservada pela espécie hominídea. A linguagem é o que nos distingue de outros seres vivos. Nossas interações com o meio constituído de outros seres humanos se dão sempre em conversações, como evidenciado na Figura 6.

Figura 6 – Domínios de existência dos seres vivos/**HUMANOS**

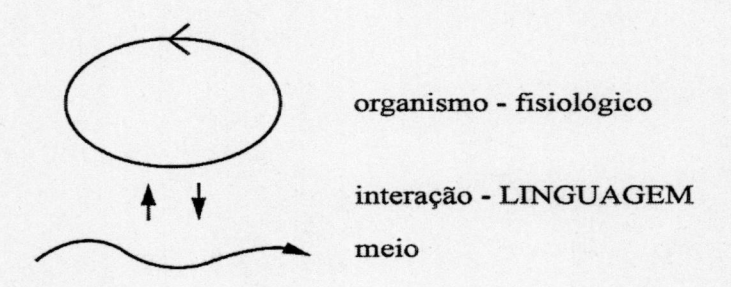

organismo - fisiológico

interação - LINGUAGEM

meio

Fonte: adaptada de Maturana (1997, p. 217)

Podemos dizer que ser humano (ou manter-se humano) é conhecer/saber/exibir a conduta adequada, mantendo-se em acoplamento no domínio de interações linguísticas em que se encontra. Por exemplo, falar a língua que lhe permita manter-se conversando, em acoplamento com seu meio. Ou conhecer a terminologia usada por professor e alunos nas aulas de determinada disciplina.

Ser humano-estudante (ou manter-se humano-estudante) será, então, conhecer/saber/exibir a conduta adequada, respondendo a quem formulou a pergunta – o professor – mantendo-se em acoplamento no domínio de interações linguísticas de ensino/aprendizagem: emitir as respostas adequadas para manter-se conversando com o professor e/ou com outros estudantes.

Se conhecer é exibir conduta adequada, qual o critério para se considerar adequada uma conduta? Só o consenso da comunidade pode validar a resposta/conduta/explicação que será aceita pelos que têm a pergunta. Por exemplo, um professor pergunta: como medir altura da torre usando o altímetro?

O estudante sobe ao alto da torre e usa um rolo de barbante para medir sua altura, mas é reprovado. Ele então usa o goniômetro (medida de ângulos triangulando a torre), mas também é reprovado. Mas por que, se em ambos os casos ele obteve a medida da altura da torre? Porque o critério de resposta satisfatória é do professor (do meio com o qual o estudante precisa manter-se em acoplamento) e, nesse caso, o professor especificou que a conduta adequada seria o uso do altímetro.

Sendo impossível a interação instrutiva, O QUE É ENSINAR? ou QUEM É UM PROFESSOR?

Segundo Maturana (1990), o professor será alguém que os estudantes aceitam como guia na criação de um espaço de com-viver.

Alguém que deseja essa responsabilidade de criar um espaço de com-viver, um domínio de aceitação recíproca que se configura no momento em que surge o professor em relação com seus estudantes, e se produz uma dinâmica na qual vão mudando juntos, podendo ter conversas que antes não podiam.

Nesse espaço de com-viver, acontecerá o acoplamento estudante-professor. Os estudantes chegam com diferentes estruturas/possibilidades, habilidades e premissas, resultantes de suas diferentes histórias individuais de interações com o meio.

E as possibilidades trazidas pelo estudante em sua estrutura relacional (suas premissas) podem ser contraditórias com o domínio de conversações que o professor pretende instalar. Essa situação pode requerer que o professor atue no sentido de instabilizar premissas do estudante.

Como o professor está convencido de que nenhuma instrução flexibilizará as premissas do estudante, só lhe restará fazer perguntas: perguntar, perguntar, perguntar... Pretendendo instabilizar premissas, ele fará perguntas reflexivas, perguntas que, desencadeando reflexão, atingirão e flexibilizarão as premissas que estão embasando as ações da estudante, o que pode ser condição para se viabilizarem conversações transformadoras, saltos qualitativos, inovação, criação.

Então, com a visão sistêmica novo-paradigmática, o professor

- deixa de ser *expert* em conteúdos, verdades, informações a transmitir;
- passa a ser *expert* em criar contexto de conversação, de transformação da estrutura relacional do estudante, de autonomia do estudante;
- assume, com prazer, a responsabilidade de criar espaço para com--viver com os estudantes;

- assume postura de não-saber sobre a experiência do estudante e tem genuína curiosidade sobre a experiência pessoal e as ideias do estudante;
- com suas perguntas, perturba a estrutura do estudante e desencadeia reflexão;
- pergunta-se por sua própria participação no processo de aprendizagem de seus estudantes: "O que EU poderia fazer diferente para desencadear a resposta satisfatória/a conduta adequada do estudante, neste domínio de interações?".

Para finalizar, alguns fragmentos do poema escrito por Maturana (1972).

5.10.1 Oração do estudante[105]

Por que me impões o que sabes, se quero eu aprender o desconhecido e ser fonte em meu próprio descobrimento?

[...] Não quero a verdade, dá-me o desconhecido

[...] Não me instruas, deixa-me viver, vivendo junto a mim

[...] Me dizes que o desconhecido não se pode ensinar, eu digo que tampouco se ensina o conhecido e que cada homem faz o mundo ao viver

[...] Não é pouco o que te peço

[...] Não me instruas, vive junto a mim. Teu fracasso seria que eu fosse idêntico a ti.

---

[105] Disponível em: www.recantodasletras.com.br. Original manuscrito inédito (1972).

ALGUNS RESULTADOS PROPICIADOS PELO CURSO

6.1 CONSIDERAÇÕES INICIAIS

Nós[106], engenheiros de energia graduados no curso, sentindo-nos realizados profissionalmente e reconhecendo um diferencial de nosso preparo em relação aos demais engenheiros atuantes no mercado com quem convivemos, o que, aliás, já nos surpreendia desde os tempos de nossos estágios curriculares, resolvemos elaborar uma pesquisa das trajetórias profissionais e opiniões dos egressos daquela Engenharia de Energia que cursamos. O estudo teve o intuito de atestar a existência e a efetividade deste diferencial no exercício profissional da maioria, assim como a satisfação com a formação que logramos no curso, por muitos considerados disruptivo, inovador, visionário, cativante e, até mesmo, sedutor, em respostas que nos enviaram.

Nessa pesquisa, mantínhamos contato com o professor Otávio que nos forneceu a relação atualizada de todos os formados, com respectivos semestres em que se graduaram, e trocamos ideias a respeito do levantamento que pretendíamos realizar, pois ele sempre demonstrou grande entusiasmo e interesse com tudo o que se relaciona ao curso, que considera a "menina de seus olhos".

Na ocasião em que o professor Otávio nos contou da elaboração deste livro, dizendo que o prazo, de que dispunha, era curto, pois tratava-se de um aprimoramento do *e-book*, editado em 2018, sobre o curso e, por isso, já se encontrava num estágio bastante adiantado da elaboração da obra, já contávamos com uma boa amostra de respostas, o que nos propiciou elaborar um relatório preliminar dos resultados até então obtidos e que representam a essência deste sexto Capítulo.

Na nossa percepção, o engenheiro de Energia da PUC Minas foi "lapidado" por meio de uma formação de fato muito diferenciada das engenharias

---

[106] Ênya Sousa Rios, Iolanda Maria dos Reis e Silva e Ricardo Silva. Cumpre destacar que outras engenheiras vêm participando da pesquisa. Porém, dada a sua sobrecarga de afazeres particulares, não dispuseram de tempo para participar da elaboração deste capítulo.

em geral, baseada em uma metodologia inovadora, desenvolvida por uma equipe de docentes ousados, que criaram um arcabouço, no qual, por intermédio do TAI, os graduandos desenvolvem projetos desde o 1º período do curso, numa metodologia, que verdadeiramente integra as disciplinas, em cinco Ciclos de Desenvolvimento dos Estudantes, culminando com o TCC, inserido nos seus estágios curriculares, elaborando projetos reais de Engenharia.

A primeira turma do curso se formou em dezembro de 2011, com 20 graduados, que desbravaram um mercado inexistente de trabalho para a modalidade em que se formaram[107], tendo que se "oferecer" em vagas primariamente destinadas a engenheiros eletricistas, mecânicos, de automação e controle, produção, administradores de empresas e outros, que se aventuraram na criação de empresas próprias, o que denotou a grande versatilidade e capacidade de adaptação desses egressos. Apesar de algum estranhamento inicial de alguns empregadores, com o título que ostentávamos, com muita conversa e argumentação[108] de nossa parte, demonstrávamos nossa competência, nossa diferença nas aptidões, em relação a outras modalidades[109] e nossa versatilidade.

A luta por afirmação e reconhecimento desses engenheiros se repetiu nos formados dos semestres subsequentes, quando, com muita determinação, tiveram que mostrar sua competência e lutar também pela regulamentação de uma modalidade de engenheiro que era novidade no mercado. Empresas diversas, de grande porte e renomadas no mercado[110], com o passar do tempo passaram então a ofertar vagas de estágio específicas, e posteriormente ao profissional, engenheiro de Energia.

Uma das vitórias da categoria foi o reconhecimento e regulamentação do engenheiro de Energia pelo Conselho Federal de Engenharia e Agronomia[111] (Confea), por meio da Resolução n.º 1.076, de 5 de julho de 2016[112], com atribuições definidas para a modalidade, o que habilitou o profissional à atuação regular no mercado de trabalho.

---

[107] Tratava-se de uma modalidade de Engenharia emergente, criada seguindo o que preconizava a Resolução n.º 11, de 11 de março de 2002, do Conselho Nacional de Educação, decorrente da Lei n.º 9.394 (LDB), de 20 de dezembro de 1996, que permitia a criação de qualquer nova modalidade intrinsecamente coerente e que fosse voltada a atender demandas emergentes. Exatamente por isto, ainda não era reconhecida pelo Sistema Confea/Crea.

[108] As práticas desenvolvidas no TAI nos habilitaram a um elevado grau de argumentação, persuasão e de defesa de nossas ideias e até surpreendia os interlocutores, ao encontrarem tais predicados em jovens recém-formados.

[109] Era muito comum, e ainda o é um pouco, confundir a Engenharia de Energia com a Engenharia Elétrica.

[110] Como a Vale, Cemig, Vallorec etc.

[111] Órgão central que congrega os Conselhos Regionais de Engenharia e Agronomia (Creas).

[112] Para o que o empenho conjunto dos professores Otávio de Avelar Esteves e Helvio Rech, da Universidade Federal dos Pampas e o apoio decisivo do Conselheiro Krisdany Vinícius Santos Magalhães Cavalcante foram fundamentais.

De 2007, ano de início da oferta do curso, a 2021, ocasião em que se formaram os últimos engenheiros que ainda lograriam se beneficiar significativamente do curso, antes de uma mudança da metodologia de ensino, objeto das menções neste livro, 377 engenheiros se formaram.

Objetivando identificar os aspectos, relativos às opiniões e trajetórias dos egressos do curso, que nos suscita indagação e curiosidade, criamos um grupo de formados, que, a partir de conversações a respeito, elaborou um questionário, com perguntas voltadas a identificar as percepções sobre o curso que fizeram, a metodologia a que foram submetidos e, principalmente, a sua inserção e a permanência no mercado de trabalho. Aspectos considerados relevantes foram: se criaram suas próprias empresas, se alcançaram posições de destaque na hierarquia onde se inseriram, ou outros aspectos correlatos.

A pesquisa foi realizada por meio de formulário digital com perguntas de múltipla escolha e outras abertas sobre a formação e a carreira dos egressos. Até o momento, em que fizemos este relato, contávamos com respostas de quase 20% do universo dos formados que objetivamos consultar.

6.2 SÍNTESE DOS RESULTADOS JÁ DEMONSTRADOS

6.2.1 Resultados Quantitativos

Apresentam-se a seguir resultados das questões fechadas. Inicialmente é muito interessante salientar que, dos egressos do curso, há uma equidade entre gêneros, uma vez que 51% (191) dos formados são homens e 49% mulheres (189), demonstrando uma igualdade na composição dos gêneros nas turmas, algo incomum às engenharias, de uma forma geral, demonstrando uma característica de contemporaneidade do curso.

Um ótimo indicador da aceitação desses engenheiros pelo mercado de trabalho foi o tempo que levaram para ingressar nele:

- **58%** tiveram **ingresso imediato**, sendo que, a maioria, por intermédio do estágio curricular;
- **78%** em até um **ano depois da formatura**.[113]

Alguns aspectos muito importantes a destacar, quanto a essas informações sobre a rapidez desse ingresso no mercado de trabalho, são que, em

---

[113] Aí incluídos os 58% imediatos.

OTÁVIO DE AVELAR ESTEVES

grande parte do período definido para a pesquisa (formados entre 2011 e 2021), a modalidade era praticamente desconhecida e, ao mesmo tempo, o País viveu grave crise econômica. Ambos representavam sérias barreiras à empregabilidade. Além disto, como citado por muitos, a maioria dos ingressos imediatos no mercado de trabalho se deu no contexto do estágio curricular, o que mostra que a estratégia introduzida no Projeto Pedagógico do curso, tendo como um dos objetivos exatamente o favorecimento da transição do ambiente acadêmico para o profissional, amadureceu com o tempo e funcionou adequadamente. Tais aspectos demonstram que os índices anteriores representam resultados extremamente favoráveis, considerado o contexto em que se verificaram.

Duas informações adicionais muito significativas, obtidas com a pesquisa e que acreditamos serem muito difíceis de ser encontradas em outras engenharias, ou mesmo, outros cursos, são que:

- **92%** dos respondentes se consideram com nível de **satisfação excelente** (53%) **ou muito bom** com a **profissão que escolheram**;
- **89%** dos respondentes se consideram com nível de **satisfação excelente** (52%) **ou muito bom** com a **formação que receberam**.

Sem desconsiderar a importância do papel que as funções públicas desempenham para o bom funcionamento da nação, é inegável que o trabalho em entidades governamentais traz consigo uma série de "confortos" para quem os exerce, que, em geral, podem induzir no indivíduo uma postura letárgica, enquanto no setor privado existe uma exigência de uma significativa proatividade e um comprometimento intenso e contínuo do indivíduo. Não se sabe se é devido a uma causa, ou um efeito da formação recebida no curso, apenas 5% dos respondentes trabalham atualmente em empresas públicas.

Procurou-se saber, na pesquisa, quantos dos engenheiros formados no período continuam atuando na área de Engenharia de Energia. O Gráfico 1 apresenta os respectivos percentuais.

Gráfico 1 – Áreas em que trabalham atualmente

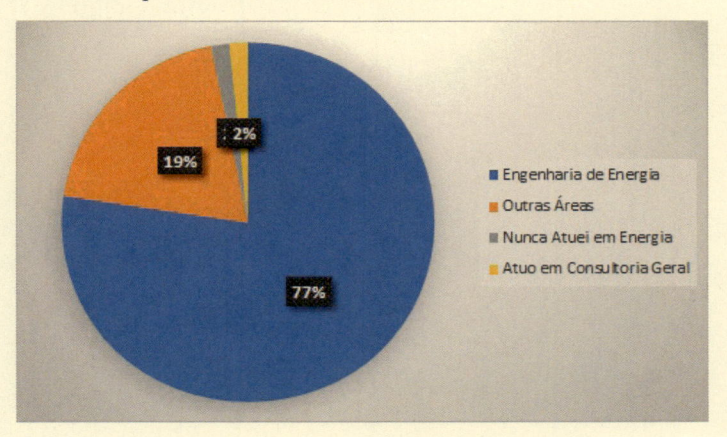

Fonte: os autores

Dos mais de três quartos dos engenheiros formados que continuam atuando na área de Engenharia de Energia, há uma diversidade de atividades que desempenham, conforme demonstra o Gráfico 2.

Gráfico 2 – Atividades que desempenham os engenheiros que atuam na área[114]

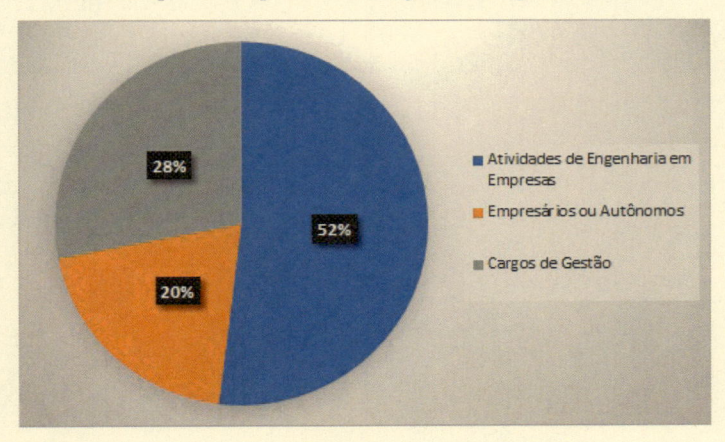

Fonte: os autores

O Gráfico 3 representa as opiniões dos engenheiros em relação à metodologia adotada no curso. Como já se mencionou, a grande maioria

---

[114]   Atividades de Engenharia: projetos, análise, planejamento, pesquisa etc.

dos formados se considera satisfeita com a formação recebida e o gráfico demonstra que quase a totalidade entende que teve uma formação diferenciada.

Gráfico 3 – Opinião dos engenheiros sobre a metodologia adotada no seu curso

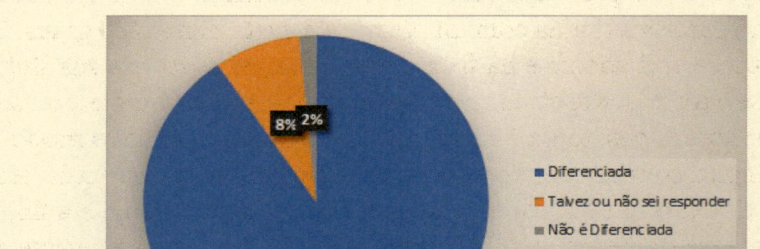

Fonte: os autores

Outro ponto de destaque é observar que a maioria dos egressos deram continuidade à formação na área, em cursos de pós-graduação, buscando o aperfeiçoamento e um aprofundamento de sua formação profissional, demonstrando que o curso imprimiu neles a disposição e a consciência da necessidade de se submeterem à capacitação continuada, aspecto tão importante na Engenharia contemporânea, representado pelo Gráfico 4.

Gráfico 4 – Percentual de egressos que cumpriu pós-graduação

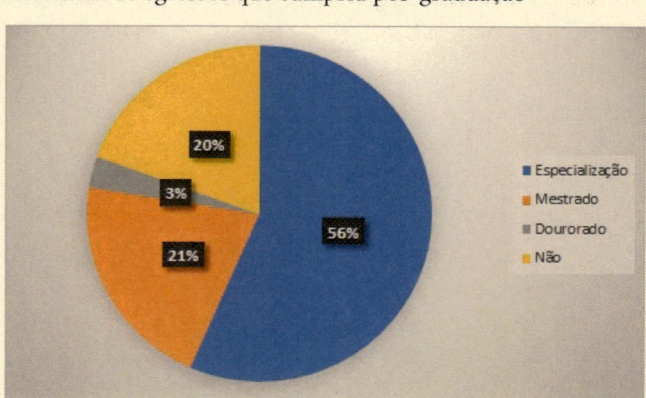

Fonte: os autores

Para uma última pergunta fechada do questionário, obteve-se uma expressiva reposta de 98%, o que representa praticamente uma unanimidade estatística, demonstrando interesse em integrar uma Associação de Engenheiros de Energia Formados pela PUC Minas, em cuja criação o Ricardo Silva, líder da pesquisa, está empenhado, há algum tempo, mas não conseguia êxito, por não ter tido acesso à maioria dos contatos dos egressos. Esse percentual pode ser entendido como um forte sentimento de orgulho e pertencimento em relação ao curso que em que se formaram.

6.2.2 Resultados Qualitativos

Quanto às perguntas abertas, dado o exíguo prazo disponível, decidimos apresentar pequenos trechos das respostas, que consideramos compor um conjunto representativo, de forma sintética, das opiniões fornecidas. Este trabalho deu origem a dois resultados distintos.

No primeiro, são apresentados trechos que demonstram cinco funções de destaque selecionadas entre os engenheiros respondentes:

- [...] Trabalho na Marinha do Brasil como Engenheira de Energia na construção do primeiro submarino nuclear brasileiro [...];
- [...] Project Sourcing Specialist para o negócio de Energia Solar Fotovoltaica da Multinacional X[115] na América do Sul e para o negócio de Armazenamento de Energia da Multinacional X na América do Norte";
- [...] doutorando na Universidade de Savoie Mont Blanc na França [...] um dos representantes do Brasil no Anexo 86 da Agência Internacional de Energia [...];
- [...] Coordenador de Projetos de Energia numa multinacional [...] fazemos projeto, fabricação e instalação de plantas de energia (hidrelétrica, térmicas e fotovoltaicas) para o Mercosul e África [...];
- [...] professor em engenharias [...] analista consultor de Sucesso do Cliente [...] treinamentos e elaboração de produtos de tecnologia SAAS [...] mercado livre de energia [...] PJ em uma grande empresa [...].

Num segundo resultado, compusemos um único "texto" agregando trechos de diversas das respostas às questões abertas, que se apresenta a seguir:

---

[115] Nome da grande empresa propositalmente omitido.

O curso [...] ampliou meus conhecimentos em outras áreas, [...] Sua metodologia diferenciada [...] visão ampla e participativa [...] desenvoltura para reuniões multidisciplinares [...] além de uma empresa de engenharia [...] também uma empresa em outro seguimento. [...] fundamental na minha visão de processos, resolução de problemas e de empreendedorismo [...] contribuiu tecnicamente e pessoalmente para trabalhar em equipes [...] alinhar conhecimento técnico [...] e um pensamento global das atividades a serem realizadas. [...] me deu base de raciocínio que considero um diferencial [...] Além de todo arcabouço técnico (teórico e prático), a visão holística [...] incentivo ao protagonismo possibilitaram grandes passos em minha carreira. [...] elogiado pela destreza em entender problemas, propor soluções e executar propostas [...] contribuição principal [...] competências que eu adquiri no TAI: falar em público, trabalhar em equipe, saber argumentar e fazer além do que era solicitado [...] procurar informações por conta própria, [...] me ajudou muito na tomada de decisão [...] possibilitou networking [...] permitiu me tornar um profissional proativo [...] Capacidade analítica e de comunicação [...] curso visionário [...] resolvermos os problemas de descarbonização [...] Diferente das Engenharias tradicionais [...]nítida a capacidade de adaptação [...] caminhos alternativos para solucionar desafios [...] oportunidade de desenvolver as teorias aprendidas nas aulas na prática em estágios, projetos de extensão e iniciação científica. [...] desenvolver uma solução para empresa durante o TCC, [...] abri empresa e ajudei outras empresas a ingressarem e prosperarem. [...] proporcionou [...] uma visão [...] para atuar em qualquer tipo de negócio. [...] arrisco a dizer que o único curso [...] que forma [...] profissional para [...] comercialização de energia é a engenharia de energia, [...] contribuiu ampliando as maneiras de pensar e abordar um problema/situação, não ficando fixo numa [...] solução ou método. [...] prepara [...] para as empresas, [...] mais eficiente em comparação com as demais engenharias. [...] Na empresa anterior, era referência para todos os projetos [...] mesmo existindo outros engenheiros [...] profissional com a visão do contexto amplo da energia, pensamento sistêmico, aptidões gerenciais e criativas. [...] contribuiu [...] eu crescesse pessoalmente, foram de grande enriquecimento. [...] No banco, [...] visão holística [...] resolução de problemas e planejamento de estratégico. [...] a ligação das disciplinas dentro de projetos auxilia enxergar o que está sendo realizado, [...] o que não consegui quando fiz um semestre em engenharia mecânica.

> [...] no 1o período já desenvolvíamos projetos como numa empresa [...] promove a interação entre colegas e professores desde o início do curso [...].

Enfim, a pesquisa, que confirmou amplamente as nossas expectativas, aponta também a consolidação de uma metodologia ousada, dado o prazo em que foi aplicada no curso, e pode ser classificada como inovadora e bem-sucedida. Portanto, entendemos que ela é plenamente apropriada à promoção de mudanças de paradigmas no ensino da Engenharia no nosso País.

EPÍLOGO

Como mencionado no Capítulo 2, Jeremy Rifkin (2016, p. 16) afirma, de forma contundente, que o mundo vive uma transição acelerada, da Segunda, para a Terceira Revolução Industrial, pois já se encontra em franco processo de esgotamento a matriz energia/comunicação/transporte, que sustenta o contexto socioeconômico contemporâneo, ao passo em que emerge e, se expande rapidamente, uma matriz totalmente nova que a substituirá em curtíssimo prazo, o que, segundo o autor, trará consequências sociais, econômicas e tecnológicas imprevisíveis. O autor sugere que uma nova "ordem natural" emergirá, promovendo uma mudança profunda no sistema de preceitos e crenças, legitimando a condução das novas posturas humanas e relações socioeconômicas, que acarretarão uma nova relação do ser humano com o ambiente e estarão fortemente assentadas na cooperação e na internet das coisas-IdC.

Não seria preciso recorrer às argumentações do autor para entender que a civilização atual não tem perspectivas de sobrevivência, num horizonte aliás bem curto, se mantidas as relações humanas, de consumo energético, socioeconômicas e ambientais.

Retornando ao autor, a respeito da transição profunda, enfatiza:

> A maioria dos economistas ficaria aturdida, porque sua disciplina está estreitamente ligada à ideia de que a natureza humana é puramente egoísta [...] A ideia de decidir voluntariamente perseguir o interesse coletivo é abominável [...] Seria de muita serventia para eles rever os achados de biólogos evolucionistas [...] estudos e descobertas nos últimos vinte anos tem abalado a crença [...] de que os seres humanos são, [...] individualistas [...] espreitando [...] oportunidades para explorar seus iguais e enriquecer [...] Estamos aprendendo que nossa espécie é a mais social de todos os seres, ostentando um neocortéx [...] extremamente complexo. A pior punição que podemos impor a um ser humano é o ostracismo. Estudiosos da cognição [...] dizem que nossa rede neural não está preparada para [...] a ausência de empatia e [...] a sobrevivência evolutiva depende [...] mais de sociabilidade coletiva que [...] egocentrismo. Longe de ser anomalia, a abordagem dos bens comuns [...] muito mais adequada a instintos biológicos que a dura imagem de um mercado anônimo, [...]. (Rifkin, 2016, p. 92).

Nesse contexto, os resultados verificados na pesquisa com os egressos, demonstram em todos os seus aspectos uma agradável e feliz coerência e compatibilidade, da formação propiciada pela "aventura" narrada, com o contexto de um futuro tão distinto que nos espera, em especial o que aponta um inevitável espírito cooperativo, demonstrado pelos 98% (unanimidade estatística) de intenções de participarem de uma Associação entre pares de formação, o que contradiz frontalmente o espírito competitivo e disjuntivo que impera atualmente nas comunidades ocidentais.

Sentimento de alegria, satisfação e de recompensa, ante os muitos contratempos enfrentados.

REFERÊNCIAS

A EXPERIÊNCIA de Humberto Maturana com o olho da salamandra. Produção de Mateus Esteves-Vasconcellos. Brasília, DF: [*s. n.*], 2021. 1 vídeo (2min 10s). Disponível em: https://youtube/6XUWuzlXIbU . Acesso em: 29 nov. 2023.

AVELAR ESTEVES, Otávio de. Minha trajetória e a aceitação inevitável da complexidade. **LinkedIn**, [*s.l.*], 2023. Disponível em: https://www.linkedin.com/posts/ot%C3%A1vio-de-avelar-esteves-93902b1a8_minha-trajet%C3%B3ria-e-a-complexidade-5-activity-7141524794977562624-rpsM?utm_source=share&utm_medium=member_desktop. Acesso em 15 de dezembro de 2023.

AVELAR ESTEVES, Otávio de; FRANÇA DOS ANJOS, Janaína Maria; PEREIRA, Joice Laís, ESTEVES DE VASCONCELLOS, Maria José; NATALI, Ricardo Siervi (org.). **Engenharia de Energia da PUC Minas**: uma iniciativa audaciosa de ensino. Belo Horizonte: PUC Minas, 2018. *E-book* (282 p.). Disponível em: http://bib.pucminas.br:8080/pergamumweb/vinculos/000027/000027da.pdf. Acesso em: 29 nov. 2023.

AVELAR ESTEVES, Otávio de; NATALI, Ricardo Siervi. Uma prática lúdica para evidenciar diferenças entre as metodologias de trabalho coletivo. *In*: CONGRESSO BRASILEIRO DE EDUCAÇÃO EM ENGENHARIA (ABENGE), 51., 18 a 23 set. 2023, Rio de Janeiro. **Anais** [...]. Rio de Janeiro: ABENGE, 2023.

AVELAR ESTEVES, Otávio de; ANTONIAZZI, Jéssica Roldão. Training engineers to work in the 5.0 environment. *In*: NERY, Eduardo (ed.). **Electroenergetic systems within the environment of society 5.0, in the perspective and orientation of sustainability and resilience**. [*S. l.*]: Cigré Brasil, 2022. chap 13.

A QUESTÃO dos paradigmas. Joel Barker. [*S. l.*]: Distribuidora Siamar, [1990]. 1 DVD (38 min). Disponível em: https://www.youtube.com/watch?v=ZhUxh-mIWhxk&t=521s. Acesso em: 29 nov. 2023.

BORGES, Mario Neto; ALMEIDA, Nival Nunes de. Perspectivas para a engenharia nacional – desafios e oportunidades. **Revista de Ensino de Engenharia**, ABENGE, v. 32, n. 3, p. 71-78, 2013. ISSN 0101-5001.

BRASIL. **Código E-MEC: 304216, Protocolo: 200900647**. Relatório de avaliação: reconhecimento de curso de Engenharia de Energia. Brasília, DF: MEC, [2011].

BRASIL. **Lei n.º 9.394, de 20 de dezembro de 1996** - LDB. Estabelece as Diretrizes e Bases da Educação Nacional. Brasília, DF: Senado Federal, 2005. Disponível em: http:// https://www2.senado.leg.br/bdsf/bitstream/handle/id/70320/65.pdf. Acesso em: 30 nov. 2023.

BRASIL. **Lei n.º 11.788, de 25 de setembro de 2008**. Dispõe sobre o estágio de estudantes; altera a redação do art. 428 da Consolidação das Leis do Trabalho – CLT, aprovada pelo Decreto-Lei nº 5.452, de 1º de maio de 1943, e a Lei nº 9.394, de 20 de dezembro de 1996; revoga as Leis [...] e o art. 6º da Medida Provisória nº 2.164-41, de 24 de agosto de 2001; e dá outras providências. Brasília, DF: Congresso Nacional, 2008. https://www.planalto.gov.br/ccivil_03/_Ato2007-2010/2008/Lei/L11788.htm. Acesso em: 30 nov. 2023.

BRASIL. Conselho Nacional de Educação (CNE). Ministério da Educação (MEC). **Resolução CNE/CES n.º 11, de 11 de março de 2002**. Ementa Institui Diretrizes Curriculares Nacionais do Curso de Graduação em Engenharia. Brasília, DF: CNE/MEC, 2002. Disponível em: https://normativasconselhos.mec.gov.br/normativa/view/CNE_RES_CNECESN112002.pdf?query=Proposta. Acesso em: 4 dez. 2023.

BRASIL. Ministério da Educação (MEC). **Resolução n.º 2, de 24 de abril de 2019**. Estabelece as Diretrizes Nacionais Curriculares para os Cursos de Graduação de Engenharias. Brasília, DF: MEC/CNE, 2019. Disponível em: https://normativas-conselhos.mec.gov.br/normativa/pdf/CNE_RES_CNECESN22019.pdf. Acesso em: 30 nov. 2023.

BRASIL. Ministério da Educação (MEC). **Resolução CONFEA n.º 1076, de 05 de julho de 2016**. Discrimina as atividades e competências profissionais do engenheiro de energia e insere o título na Tabela de Títulos Profissionais do Sistema Confea/Crea, para efeito de fiscalização do exercício profissional. Brasília, DF: MEC, Disponível em: https://www.legisweb.com.br/legislacao/?id=326086. Acesso em: 4 dez. 2023.

DESCARTES, René. **Discurso do método**. São Paulo: Martins Fontes, 1999.

ESTEVES DE VASCONCELLOS, Maria José. **Pensamento sistêmico**: o novo paradigma da ciência. 11. ed. Campinas: Papirus; Belo Horizonte: Editora da PUC Minas, 2002 (11ª ed. 2018).

ESTEVES DE VASCONCELLOS, Maria José. Novas dimensões do conhecimento científico: a mudança de paradigma em curso no domínio linguístico da ciência. [Entrevista concedida ao] Programa de Televisão Interconexão Brasil. [*S. l.: s. n.*],

2013. 1 vídeo (25min 6s). Disponível em: https://www.mariajoseesteves.com.br/interconexao-brasil/. Acesso em: 2 jan. 2024.

ESTEVES DE VASCONCELLOS, Maria José. Pensamento sistêmico novoparadigmático. Um convite para transformarmos nosso viver. [Entrevista concedida a] Gláucia Rezende Tavares. [S. l.: s. n.], 3 ago. (11ª ed.), 1 vídeo (24min 36s). Disponível em: https://www.youtube.com/watch?v=wRuvo4CGOcU. Acesso em: 1 dez. 2023.

ESTEVES DE VASCONCELLOS, Maria José. O mundo em movimento. **Jornal Estado de Minas**, Belo Horizonte, 2002. Disponível em: https://www.mariajoseesteves.com.br/mundo-em-movimento/. Acesso em: 2 jan. 2024.

ESTEVES-VASCONCELLOS, Mateus. **A nova teoria geral dos sistemas**: dos sistemas autopoiéticos aos sistemas sociais. São Paulo: Livraria Cultura: Kobo Books, 2013. *E-book* (325 p.).

ERTAS Atila; MAXWELL Timothy; RAINEY Vicki P.; TANIK Murat M. Transformation of Higher Education: the transdisciplinary approach in engineering. **IEEE Transactions on Education**, [s. l.], v. 46, n. 2, p. 289-295, May 2003.

EVIDENCIANDO a impossibilidade da objetividade. Construindo afirmações sobre a realidade no espaço de intersubjetividade: presença de uma pessoa na sala. Produção de Maria José Esteves de Vasconcellos. Belo Horizonte: [s. n.], 2020. 1 vídeo (7 min 8s). Disponível em: https://www.youtube.com/watch?v=ulS_diq1Yu8&t=4s. Acesso em: 30 nov. 2023.

EVIDENCIANDO a impossibilidade da objetividade. Vivenciando os efeitos do fechamento operacional do sistema nervoso, as sombras coloridas. Produção de Maria José Esteves de Vasconcellos. Belo Horizonte: [s. n.], 2020. 1 vídeo (3min 15s). Disponível em: https://youtu.be/pDxcnZ_mmo0. Acesso em: 30 nov. 2023.

GLEISER, Marcelo. **A ilha do conhecimento**: os limites da ciência e a busca por sentido. Rio de Janeiro; São Paulo: Editora Record, 2014.

INSTITUTO EUVALDO LODI–IEL. Núcleo Central e Senai. **Inova Engenharia**: propostas para a modernização da educação em engenharia no Brasil. Brasília, DF: CNI, 2006.

PAPA FRANCISCO. O Papa Francisco visitou a Pontifícia Universidade Católica do Chile, em Santiago. *In*: INSTITUTO HUMANAS UNISINOS. **Missão e desafios da Universidade Católica na contemporaneidade**. Santiago: Unisinos, 2018. Disponível em: https://www.ihu.unisinos.br/categorias/188-noticias-2018/

575377-missao-e-desafios-da-universidade-catolica-na-contemporaneidade-a-proposta-de-francisco. Acesso em: 1 dez. 2023.

KUHN, T. S. **A estrutura das revoluções científicas**. São Paulo: Perspectiva, 1992.

MACRON, Emmanuel. Um único tipo de educação não serve para todos. [Entrevista cedida a] The Economist – Relatório: França. Londres, ed. 30, 2017. Disponível em: https://www.economist.com/news/special-report/21729614-time-more-variety-experimentation-and-creativity-one-kind-education-does-not-fit. Acesso em: 12 mar. 2018.

MATURANA, H. **A ontologia da realidade**. Belo Horizonte: Editora da UFMG, 1997.

MATURANA, Humberto R.; VARELA, Francisco J. **The tree of knowledge**: the biological roots of human understanding. Boston: New Science Library, 1987. Original espanhol, 1983.

MATURAMA, Humberto. **O que é ensinar? ou quem é um professor?** Diálogo de Maturana com seus alunos. Transcrito da aula de encerramento no curso de Biologia Del Conocer, Facultad de Ciencias, Universidad de Chile, Santiago, 27 jul. 1990. Gravado por Cristina Magro, transcrito por Nelson Vaz. Manuscrito inédito.

PESSOA, Fernando [Heterônimo: CAIEIRO, Alberto]. **Obra poética**. Rio de Janeiro: Companhia José Aguiar, 1974.

PRIGOGINE, Ylya; STENGERS, Isabelle. **A nova aliança**. Brasília, DF: Editora da UnB, 1984.

RIFKIN, Jeremy. **Sociedade com custo marginal zero**. São Paulo: M. Books do Brasil, 2016.

RIFKIN, Jeremy; HOWARD, Ted. **Entropy, a new world visión**. 2. ed. Toronto: Bantam Books, 1984.

SIMON, Herbert A. **The sciences of the artificial**. 3. ed. Cambridge: MIT Press, 1999.

WEST, Peter. **The traditional classroom works so why change it?** Gaithersburg: eShooel News, Feb. 2017. Disponível em: https://www.eschoolnews.com/district-management/2017/02/23/classroom-works-change/. Acesso em: 4 dez. 2023.

ZABALA, Antoni. **A prática educativa**: como ensinar. Porto Alegre: ArtMed, 1998.